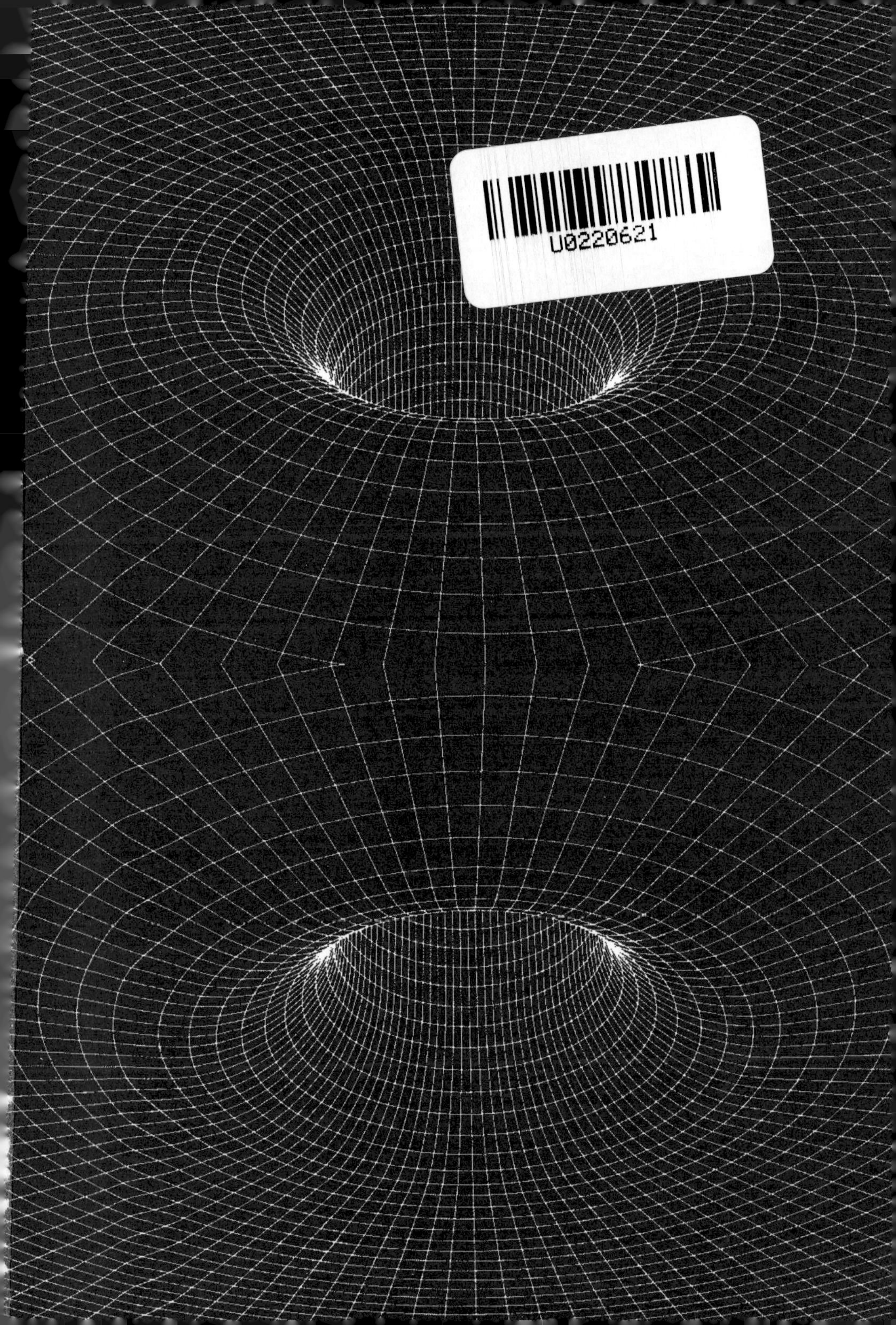
U0220621

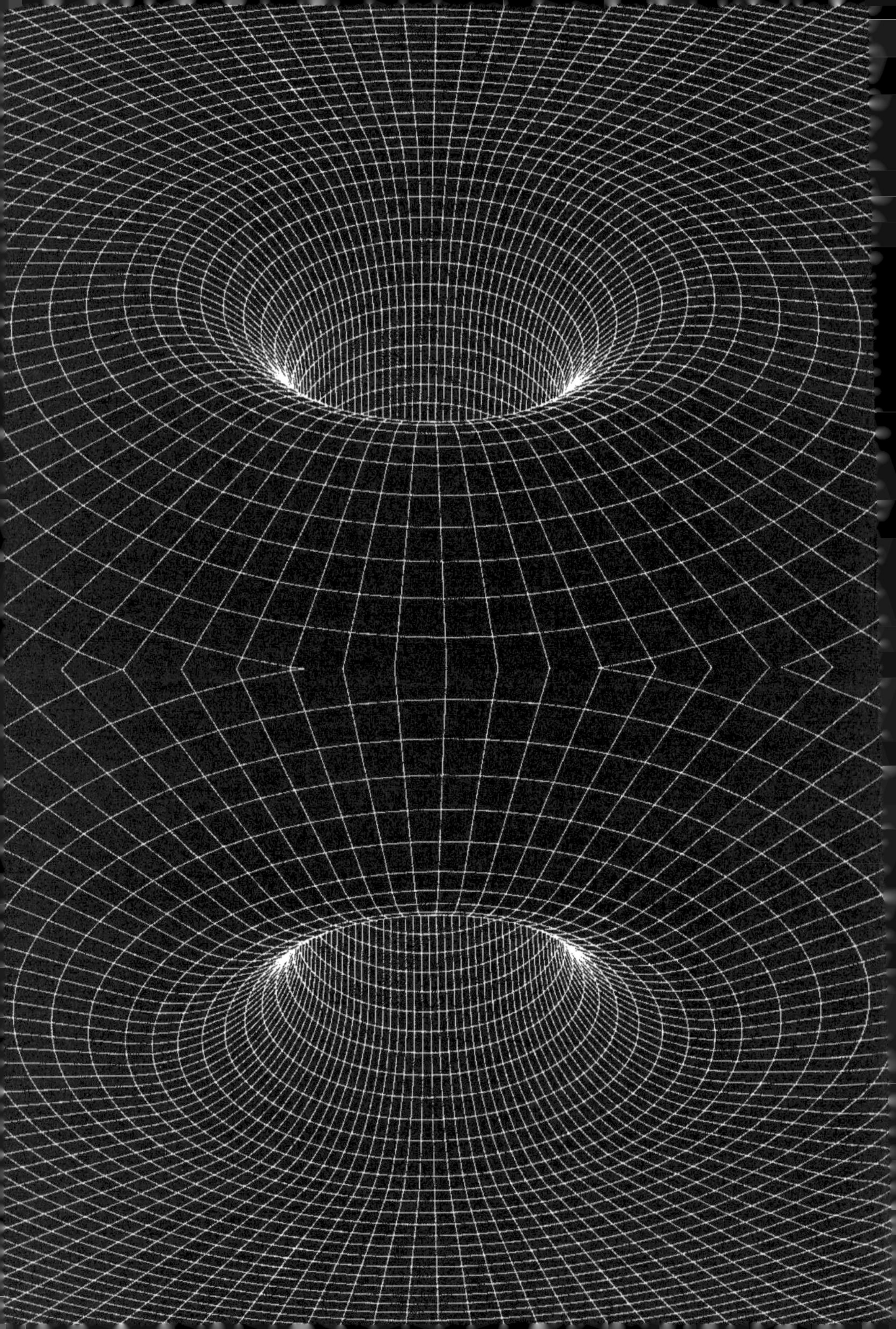

原来这就是引力

迈进科学的大门
拥抱有趣的世界

$E=mc^2$

【韩】吴廷根（著）
【韩】方相皓（绘）
侯晓丹 高宇航（译）

華東理工大學出版社
EAST CHINA UNIVERSITY OF SCIENCE AND TECHNOLOGY PRESS
·上海·

图书在版编目（CIP）数据

原来这就是引力 /（韩）吴廷根著；（韩）方相皓绘；侯晓丹，高宇航译. —上海：华东理工大学出版社，2023.1

ISBN 978-7-5628-6945-0

Ⅰ. ①原… Ⅱ. ①吴… ②方… ③侯… ④高… Ⅲ. ①引力－青少年读物 Ⅳ. ①O314-49

中国版本图书馆CIP数据核字（2022）第176476号

著作权合同登记号：图字 09-2022-0746

策划编辑 / 曾文丽
责任编辑 / 曾文丽
责任校对 / 陈婉毓
装帧设计 / 居慧娜
出版发行 / 华东理工大学出版社有限公司
地址：上海市梅陇路 130 号，200237
电话：021－64250306
网址：www.ecustpress.cn
邮箱：zongbianban@ecustpress.cn
印　　刷 / 上海四维数字图文有限公司
开　　本 / 890 mm × 1240 mm　1/32
印　　张 / 5.125
字　　数 / 76 千字
版　　次 / 2023 年 1 月第 1 版
印　　次 / 2023 年 1 月第 1 次
定　　价 / 39.80 元

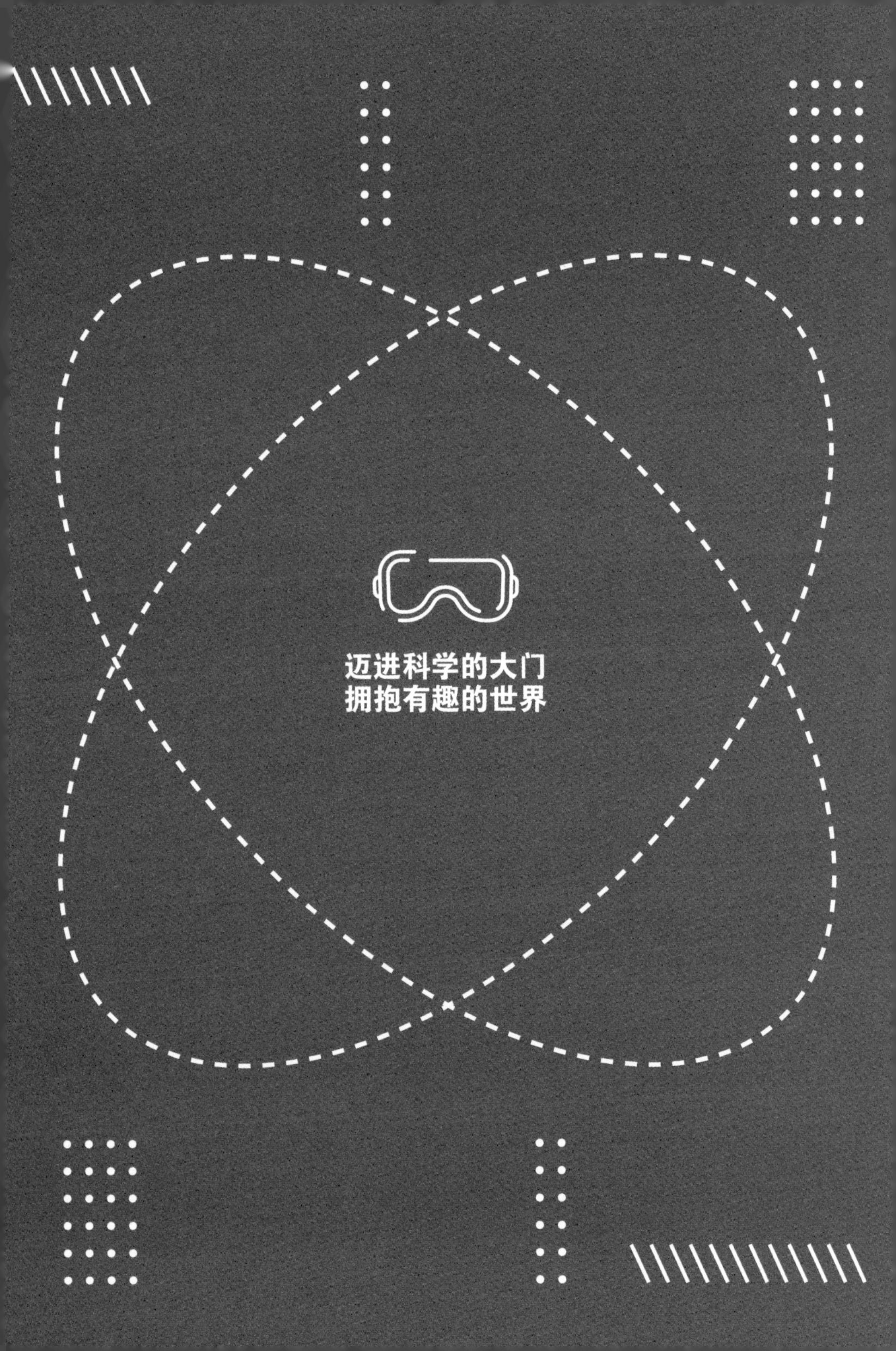
迈进科学的大门
拥抱有趣的世界

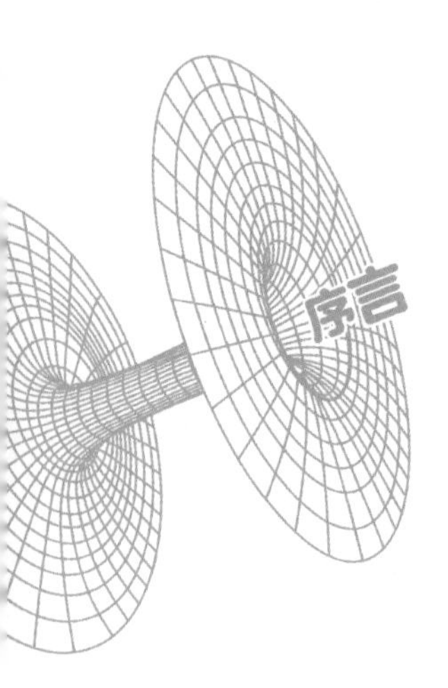

序言 绑着面包的猫

你知道“墨菲定律”吗？它的大意是：如果坏事有可能发生，不管这种可能性有多小，它总会发生，并造成最大可能的损失。比如，我们早晨睡过头，没来得及吃早饭就赶去学校，偏偏就那天的电梯或公交车来得很晚；我们在快餐店排队，偏偏就我们站的那一队最慢；再或者，当我们不小心将涂满果酱的面包片掉到地上时，偏偏就是涂满果酱的那一面着地，果酱弄得满地都是……当我们想做的事情总是莫名其妙地不顺利，或者事情的进展总是与我们的期望背道而驰时，也许就是“墨菲定律”在发挥作用。当然，这里面可能包含一些心理因素的影响：一些科学依据证明，人们难免会对不好的事情产生更加深刻的印象。对此我们不过多讨论。

互联网上曾有一个科学笑话巧妙地运用了“墨菲定律”。虽然这个笑话与科学真理相距甚远，但它的核心思想却十分明确。这则笑话是一篇科学实验报告，题目是“借助面包和猫开发悬浮列车”。单单是研究悬浮列车都很困难，更何况还要借助面包和猫，这很不可思议吧？让我们来看一下具体内容。

标题：　借助面包片和猫开发悬浮列车

观察1：猫从高处落下时，脚会先着地。

观察2：涂满果酱的面包片从高处落下时，有果酱的那一面会先着地。

假设：　面包片涂有果酱的一面和猫的脚总是先着地。

实验：　在猫背上绑一片面包，将面包片朝上的一面涂上果酱，让绑着面包片的猫从高处落下。根据假设，猫会在距离地面10厘米左右的时候停止降落，飘浮旋转。此项实验可以用于悬浮列车的开发。

这好像是在不着边际地胡说八道，不过正如图0-1所示，如果我们把面包片绑在猫背上，并且在面包片朝上的一面涂上果酱，那么，本应该先着地的猫脚和面包片涂

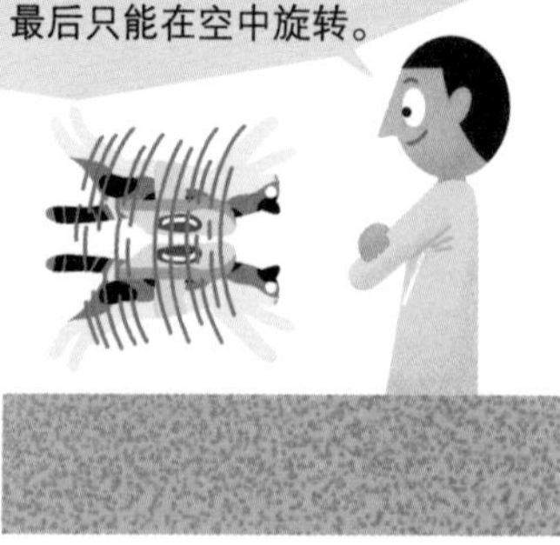

图0–1 面包片和猫之所以能帮助我们开发悬浮列车，是因为我们假设猫的脚和面包片涂有果酱的一面都会先着地，所以这只绑着面包片的猫会在空中飘浮旋转。当然，这只猫会头晕得要命，如果继续旋转下去，面包片也会因为离心力而掉落，但无论如何，这个想法非常奇特

有果酱的那一面就无法同时着地，只能在空中不停旋转，这种想法非常新奇吧？其实这个笑话蕴含着重要的科学原理：一个物体只有克服地心引力才能在空中悬浮。

虽然我们无法看见地心引力，但是在很早之前就已经接触过它了。一提到引力，我们都会想到伟大的物理学家牛顿。当牛顿看到苹果从树上掉落，他就对苹果掉落的原因产生了疑问，从而发现了万有引力定律，建立了经典物理学。后来，物理学家们认识到经典物理学的研究范围太过狭小，因此开始确定新的研究方向，探索新的奥秘，建立了现代物理学。

然而，物理学的发展永无止境，现代物理学的最终奥秘还是未知的。现在的我们甚至无法想象物理学的终点在哪里。实际上，现代物理学和经典物理学一样，只是下一个物理学的跳板。我们需要明白的是，为了开启新的文明，人类的研究仍在继续，而物理学的未来掌握在我们自己手中，我们就是推动这些研究的主力军。本书汇总了与引力相关的所有研究成果，包括我们已经研究到了哪里、未来应该如何研究等。

希望我们在阅读完本书后，能够将物理知识灵活运用到生活中，同时为物理学的发展贡献更多创造性的想法。

目录

1

牛顿的“绳子”与爱因斯坦的“网”

力与运动的关系

力是什么？力是两个及两个以上的物体之间产生的相互作用。例如，如果我们想让玻璃杯从桌子上掉落，我们就要用手把杯子推下去。通过接触，手会向杯子施加一个力，这个力会使杯子掉到地上。在这个过程中，手与杯子相互接触、相互作用就产生了力。

力的相互作用会引起物体运动状态的变化。在物理学中，“运动”是指物体在空间中的相对位置随时间变化的过程，而“运动状态的变化”是指物体由静止变为运动或由运动变为静止、物体的运动速度或方向发生改变的现象。上文中的玻璃杯掉到地上就是运动状态发生了变化。再比如，汽车刹车减速，也是一种力改变了物体运动状态的现象。摩擦力使汽车降低了运动速度，改变了汽车的运动状态。英国著名科学家艾萨克·牛顿（Isaac Newton, 1642—1727）为阐明力与运动的具体关系，提出了牛顿运动定律，内容如下：

牛顿第一运动定律（惯性定律）：在没有外力作用的情况下，物体会保持静止或做匀速直线运动。

牛顿第二运动定律（加速度定律）：物体的加速度与所受的外力成正比,与物体的质量成反比,且加速度的方向与合外力的方向相同。

牛顿第三运动定律（作用力与反作用力定律）：相互作用的两个物体之间的作用力和反作用力总是大小相等,方向相反,作用在同一条直线上。

牛顿通过“力”（Force）这一抽象概念，总结概括出了上述三大运动定律，揭示了力和运动的关系。我们要知道的是，“力”其实是一种相对概念，如果没有受力物体，“力”也就无从谈起。因此，如果我们想了解一个物体，就必须要了解这个物体与其他物体之间存在什么关系，这一点非常重要。正如俗话所说，“一个巴掌拍不响”，如果一个物体孤立存在，那么我们就无法知道什么会对其产生影响。电影中的超级英雄也是一样，如果不存在平凡的人类或威胁宇宙的反派，超级英雄也就不再是超级英雄。正因如此，我们才将“力”定义为物体之间的相互作用。

连接物体的引力之绳

我们该如何理解引力呢？让我们暂时先忘记牛顿提出的“力”这一抽象概念，假设物体间存在着一种我们不知道的关系，且这种关系会引起物体的运动。就比如说，我们可以想象两个物体之间由一根绳子连接，并且绳子的粗细与物体的质量成正比，如果我们身边有几十个物体，那么我们与这些物体之间都会由粗细不同的绳子连接。

什么？你说难以想象？好吧，为了直观地了解引力，我们选取两个物体进行实验吧。首先，我们去厨房取适量面粉和水，将水倒入面粉中，揉成两个质量分别为10克和20克的面团，再揉一根面条，充当连接面团的绳子，我们要使这根面条质量的数值等于这两个面团质量的数值的乘积，也就是200（克）。到这里，我们的实验材料就准备好了，接下来我们开始实验。第一步，我们将两个面团的距离调整为1米，并用面条连接，观察面条的粗细；第二步，将这两个面团的距离调整为2米，同样观察面条的粗细。通过这个实验，我们可以观察到，当面团相距1米时，面条更粗。因此，我们可以得出以下结论：当绳子的质量相同时，两个物体间的距离越短，它们之间的连接就更稳固。

牛顿认为，作用于两个物体之间的引力大小由“绳子”的粗细和长短决定，即引力的大小与两个物体质量的乘积成正比，与两个物体之间距离的平方成反比，这个规律就是众所周知的万有引力定律（Law of Universal Gravitation）。世间万物都是由“绳子”连接的，并且“绳子”的结实程度与物体的质量和物体之间的距离有关。“绳子”实际上就是力在物体间的传递方式。

牛顿还认为，引力可以在瞬间完成传递并且发挥作用。如果我们将引力想象成绳子，这就非常容易理解了。假设太阳突然消失，我们要过多久才能知道呢？我们还是用绳子代替引力：假设太阳消失，那么连接太阳与地球的绳子也会消失，这就意味着太阳消失的同时，

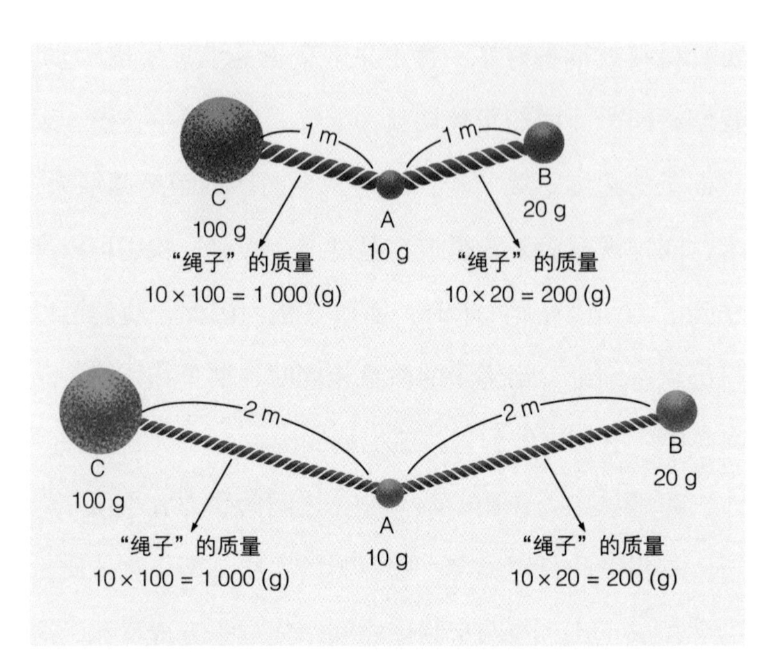

图1-1　A和B、A和C之间的距离越近，“绳子”越粗；距离越远，“绳子”越细

太阳与地球之间的引力也会消失，所以我们会立刻感受到变化。由此可见，引力发挥的作用是立竿见影的，因此，牛顿指出了引力的特性——引力是力在物体间相互传递现象的公式化表达。

牛顿之所以如此关注物体的运动及其规律，是因为他坚信自然界中的一切都可以用数学公式来解释。他曾运用数学的模型和方法来解释太阳及其周边行星的运动，发现并验证了微积分定理。因此，牛顿被公认为是天才科学家，是近代物理学的奠基人。两百多年来，牛顿的理论在物理学史和思想史上占据着不可撼动的地位。但是，这种想法是否也适用于浩瀚的宇宙呢？

我们刚刚借助“绳子”，简单地了解了牛顿的万有引力定律。接下来，让我们从其他角度继续探索引力吧。

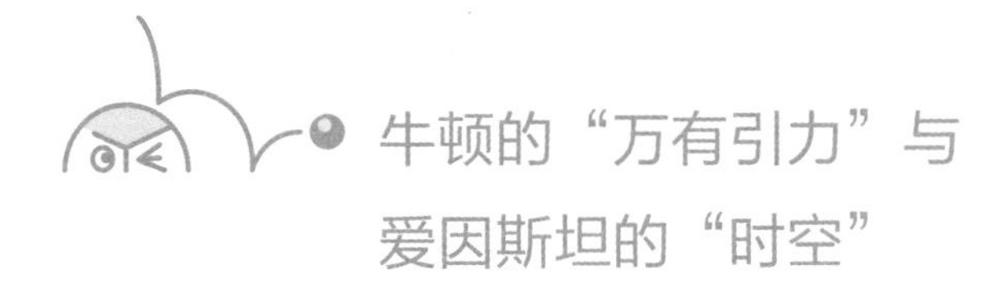

牛顿的“万有引力”与爱因斯坦的“时空”

我们先想象一下小球从斜面滚下去的场景，再想一想我们玩滑梯或者滑雪的样子。假设中途没有障碍物，小球就会一直滚到斜面的最底端，我们也会滑到坡面的最远处，并且，坡面越陡，速度越快。但是，如果我们作为观察者，站在与斜面相距甚远的地方，以至于我们根本观察不到斜面的存在，那么，这在我们眼中会是怎样的景象呢？我们肯定会觉得斜面的末端好像有什么东西在拉着小球吧？并且，小球移动得越快，我们就会觉得拉力越大。

想到这里，我们可能会产生两个疑问。第一，我们可以通过小球滚下斜面的方式来描述引力吗？第二，让小球滚下的斜面是如何产生的呢？爱因斯坦用完全不同于牛顿的方法，对引力进行了解释，并回答了这两个问题。

为了解答第一个问题，让我们再次借助绳子。但是，我们不再用绳子连接两个物体，而是将绳子放进宇宙空间，使许多绳子组成一张网，并且绳子之间要有一定的间距。我们在纪录片中看到的网，大多是由二维的

经纬线组成的渔网，但我们这里所说的“网”，是包含时间和三维空间在内的立体网。不过，由于这样的网难以想象，所以，为了方便理解，我们暂时借助二维的经纬网来说明问题。

这张网被称为“闵可夫斯基空间”，它由具有一定间距的网格组成，是时空（Spacetime）的载体。德国数学家赫尔曼·闵可夫斯基（Hermann Minkowski，1864—1909）发现，宇宙是由一个时间维度和三个空间维度组成的四维时空。这个时空就像一个包袱，如果我们将一个小球放到平整的包袱上，包袱中间会向下凹陷，同样，如果将一个有质量的物体放进时空的网中，网也会凹陷。凹陷处的网格间距会缩小，并且物体越重，间距就越小。产生这种现象的原因其实非常简单，我们可以这样理解：物体越重，为了支撑住物体，网格就要变得越密集。

图1–2　滑雪者沿着这个斜面下滑的过程中，势能逐渐转化为动能，滑雪者就可以利用动能来滑雪。但是，从远处看，我们会觉得斜面末端似乎有什么东西在拉着滑雪者向下滑

图1-3　二维经纬网。将一个物体放到这个网上，经纬线的间距就会改变

我们可以将网格线之间的间距看作是时空的密度，间距相等，意味着时空密度均衡；间距变小，则意味着时空密度增大。凹陷的网格就相当于我们刚刚提到的斜面底端，因此，就像小球会随着包袱的凹面陷下去一样，有质量的物体也会沿着网的凹面移动，而它的移动轨迹就是空间中物体运动的最短距离，这一距离被称为测地线（Geodesic）。在二维经纬网中，物体间的直线距离就是最短距离，但在多维网中就并非如此了。

图1-4　如果将一个物体放进时空的网中，网就会凹陷，而凹陷处的网眼会变得密集。网眼的密度就代表引力的变化

通过上文所述，我们肯定能够猜到第二个问题的答案了吧？正如小球会使包袱凹陷一样，有质量的物体会导致斜面的产生，并且斜面的坡度与物体的质量有关。这种斜面在时空中就代表着时空的弯曲，而时空的弯曲程度被称为时空曲率（Curvature）。

总而言之，时空就像一张网，物体在其中进行着频繁且复杂的运动，当我们将一个有质量的物体放入时空中，物体周围的时空就会凹陷，时空就会发生弯曲。而时空的弯曲程度就相当于斜面的坡度，物体的质量越大，时空的弯曲程度就越高。我们以铅球和网球为例，将铅球和网球分别放在包袱上，由于铅球的质量比网球大，所以铅球会使包袱凹陷得更深，斜面的坡度也就更大。

测地线上的运动轨迹

我们借助二维的斜面对引力进行了简单的说明，但我们却很难在三维空间中利用斜面对引力进行解释。因此，爱因斯坦在广义相对论（Theory of General Relativity）中引入了“时空密度”这一概念，以便于我们理解。爱因斯坦还指出，时空密度由物体的质量决定，而引力的本质就是使物体沿着四维时空的最短路线（测地线）运动。物体的质量还能够决定斜面的坡度，即时空的弯曲程度。如果我们将时空想象成液体，那么液体密度的大小就代表了时空的弯曲程度的高低。

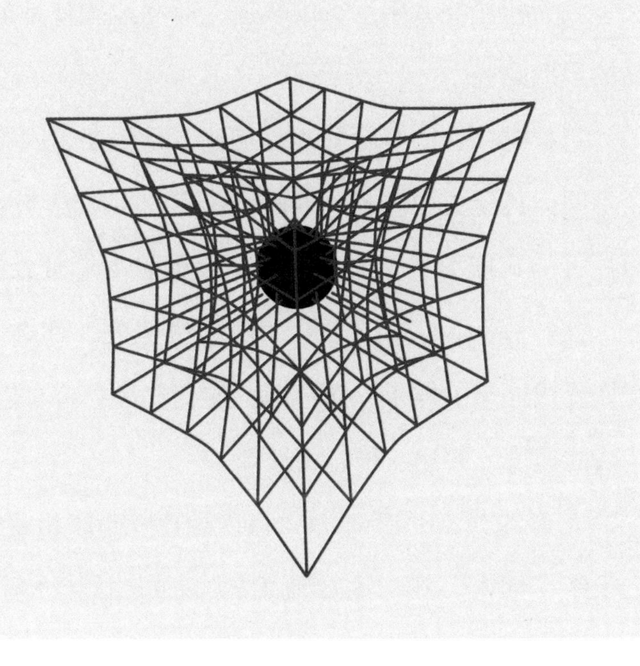

图1-5　物体在立体“网”中的样子

即使我们身边有多个物体，上述说法也依旧成立。我们以地球在太阳系中的运动为例，太阳系相当于我们之前所说的“网”，地球和太阳之间会形成一个陡峭的斜面，地球就会沿着这个斜面围绕太阳运行；同理，月球和地球之间也会形成一个斜面，月球同样会沿着斜面围绕地球运行。所有行星都通过这样的方式，形成了坡度不同的斜面，各个斜面的测地线均衡分布、互不交叉，成为行星绕太阳运行的轨道，而测地线就是行星运动的最短路径。

这样看来，与牛顿的观点相比，爱因斯坦的想法完全不同，甚至更加深刻、准确。让我们再来思考一下前面提过的太阳突然消失的问题。我们将太阳放在“网”上，“网”就会凹陷，如果太阳突然消失，那么“网”将恢复成原来的样子，而“网”的变化信息将会以引力传播的速度（光速）传达到地球。

光速约为30万千米/秒，而太阳和地球相距约1.5亿千米，因此，我们用日地距离（1.5亿千米）除以光速（30万千米/秒），就可以计算出光从太阳到地球所需的时间约为500秒，即8.33分钟。这意味着如果太阳突然消失，地球上的我们在8分20秒以后才能知道。针对太阳突然消失这个问题，我们得出了与牛顿不同的答案，因此，我们可以确切地感受到牛顿的“万有引力”和爱因斯坦的“时空”这两个概念的差异。（“引力波”的存在证实了爱因斯坦的观点，引力波是指引力的变化会以波的形式向外以光速传播。关于引力波的详细内容，我们会在第8章进行说明。）

时空弯曲与物体的质量关系密切，而物体的质量会通过时空直接表现为物质间的关系，这就是广义相对论的核心内容。而引力发挥作用的实质就是使有质量的物体在时空内立即形成物质间的关系。让我们记住这两点，一起阅读下一章吧！

2

时空中的现象

在引力发挥作用的时空中，会出现很多奇妙的现象，而我们对这些现象的观察是检验理论是否正确的重要环节。就像做游戏一样，我们通常会预判对方的动作，如果预判正确，我们就会感到非常开心。科学家们也是如此，他们观察事物，提出假说，然后通过大量的实验来检验自己的观点，不断接近真理。物理学就是在这种假设与检验的反复过程中发展的，而我们探索引力的过程也是如此。科学家们通过观察和实验，得到了大量的天文数据，然后运用理论来分析这些数据，解释天文现象。虽然，在这个过程中，万有引力定律能够发挥一定的作用，但随着研究的深入，其不足之处也逐渐显现出来。因此，科学家们意识到必须提出新的理论来弥补这些不足，帮助我们继续探索宇宙的奥秘。于是，爱因斯坦提出了广义相对论，为我们的研究开创了新的局面。

光在时空中的移动路径

我们发现有质量的物体会使时空弯曲，这意味着我们的认知水平实现了质的飞跃。约翰·阿奇博尔德·惠勒（John Archibald Wheeler, 1911—2008）、基普·索恩（Kip Thorne, 1940— ）和查尔斯·米什内尔（Charles Misner, 1932— ）三位物理学家联合编写了著名的广义相对论教材——《引力》(*Gravitation*)，这本书通过描述一个有趣的现象——蚂蚁在苹果表面爬行，生动形象地解释了弯曲时空内物体的运动。我们都知道，苹果的表面是一个曲面，蚂蚁只能沿着这个曲面爬行。当然，蚂蚁啃食苹果或许会开辟出新的道路，但是，我们人类却无法凿穿地球到达另一面，因为地幔中的岩浆会喷涌而出，毁掉我们的家园。因此，我们只能沿着地球表面移动。我们顺着“蚂蚁沿着苹果表面运动”这一现象继续思考。众所周知，在曲面上运动的最短距离与平面上的最短距离不同，平面上两点的直线距离最短，但是，在像苹果表面这样的曲面上，最短距离的路径也是弯曲的，这个距离肯定比直线距离长。同理，光在时空中的移动路径也是如此，有质量的天体周围会发生时空弯曲，当光线经过时，其移动路径与蚂蚁的路径一样，都是曲线。苹果上的蚂蚁认为自己一直沿着直线爬行，同理，光也还是沿着直线传播，只不过时空弯曲了。

关于光线的弯曲，有一则非常著名的故事。英国天文学家亚瑟·斯坦利·爱丁顿（Arthur Stanley Eddington, 1882—1944）自从接触了爱因斯坦的广义相对论，就被其理论的逻辑性和科学性所折服，成了广义相对论的狂热支持者，并且他十分自信地认为自己是全世界为数不多的能够理解广义相对论的人。为了证实爱因斯坦对于光线弯曲现象的预测，爱丁顿以他的号召力邀请到了很多有名的天文学家，比如柯庭汉、克罗姆林、戴维森等，在1919年组成了两支远征科考队观测日全食：一队远赴巴西的索布拉尔；另一队由爱丁顿亲自率领，远赴西非的普林西比岛。如此看来，爱丁顿就像是爱因斯坦的“铁粉”，始终相信并支持着爱因斯坦。

为什么验证爱因斯坦的理论需要观测日全食呢？因为爱因斯坦在广义相对论中指出，受到太阳引力的影响，光线经过太阳附近时，会发生细微的弯曲，偏折角约为1.7**角秒**。怎么证实光线是否发生了弯曲呢？答案是，观测星星。要想看到太阳引力对来自遥远恒星的光线的影响，太阳必须位于我们和要观测的恒星之间——也就是说，观测只能在白天进行。在通常情况下，白天是不可能看到星星的，因为太阳太亮了。但是，在日食期间，天空一片漆黑，那些星星就可以被看到了。如果天文学家比较日食期间拍摄的恒星照片与太阳不在地球和恒星之间时拍摄的相同恒星的照片，计算出恒星出现的位置发生了偏移，就意味着太阳的引力场使得从这些恒星发出的光线发生了弯曲。

爱丁顿的科考队共拍摄了16张照片，只有2张拍摄到了太阳背后的恒星，爱丁顿根据照片中恒星位置的差异计算出了偏折角，证实了爱因斯坦的预测。如图2-1

角秒是量度角度的单位，1度 = 60角分 = 3 600角秒。

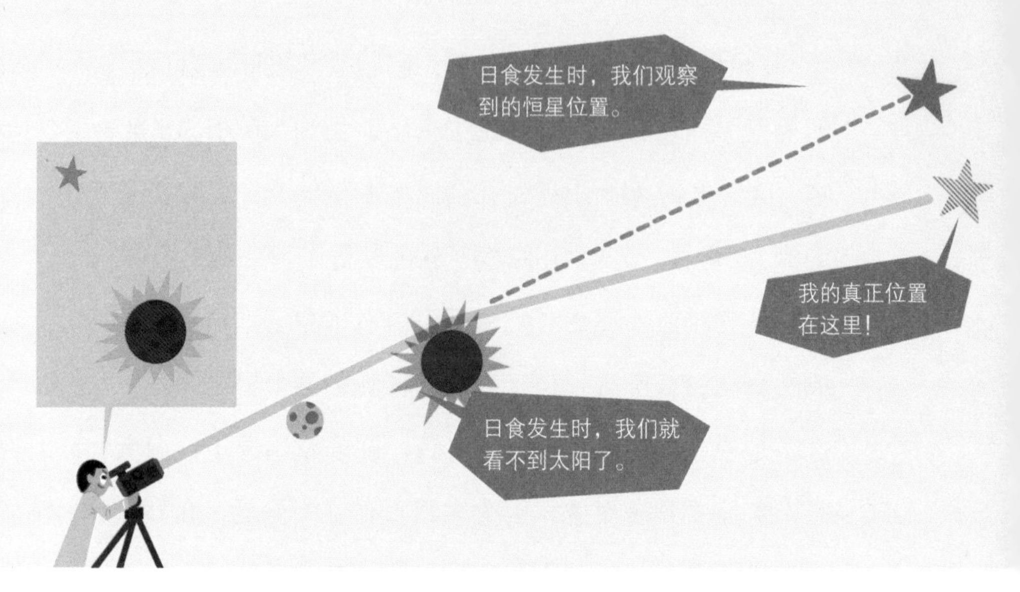

图2-1　在太阳引力的作用下，光线弯曲的现象以及恒星的位置

所示，我们观测到的恒星位置之所以会有差异，是因为受太阳引力的影响，恒星发出的光会发生偏折，偏折的光线进入我们的视野，我们就会根据偏折后的光线来判断恒星的位置。因此，我们观测到的恒星位置与恒星的实际位置存在一定的偏差。

此次观测有力地证实了“强引力会使光弯曲”的观点，解释了万有引力定律无法解释的现象，具有划时代的意义。同年11月，在英国皇家学会及皇家天文学会的联合会议上，天文学家汤姆孙公布了这一伟大成果，

图2-2　爱丁顿科考队拍摄的日全食照片。通过对比恒星的观测位置与实际位置，我们证实了广义相对论的预测

并宣布爱因斯坦的研究成果是继牛顿之后最伟大的科学理论。英国《泰晤士报》（*The Times*）对此进行了大幅报道，使爱因斯坦与广义相对论广为人知。此次观测，使我们的认知发生了重大转变，是人类史上的一大进步。

引力透镜效应与爱因斯坦环

此后，科学家们陆续观测到了光线发生弯曲的现象，有力地证明了爱因斯坦的广义相对论可以准确地解释引力。这一现象也被称为“引力透镜效应”。透镜是我们日常生活中非常常见的工具，我们的眼镜、相机镜头、放大镜等都由透镜构成。透镜分为凸透镜和凹透镜两种，当光分别穿过这两种透镜时，光线会发生不同角度的偏折，最终得到两个大小完全不同的像，这就是我们十分熟悉的光的折射现象。大质量天体相当于透镜，当其后方的恒星发出的光经过其附近时，光线会发生偏折。

当观测者、大质量前景天体和背景天体三点一线时，背景天体发出的光在经过前景天体时，就会发生引力透镜效应，造成光线的弯曲。从观测者的角度来看，天体好像在天空中分裂成了两个图像，如图2-3所示。然而，空间实际上是立体的，光线其实并不仅仅有上下

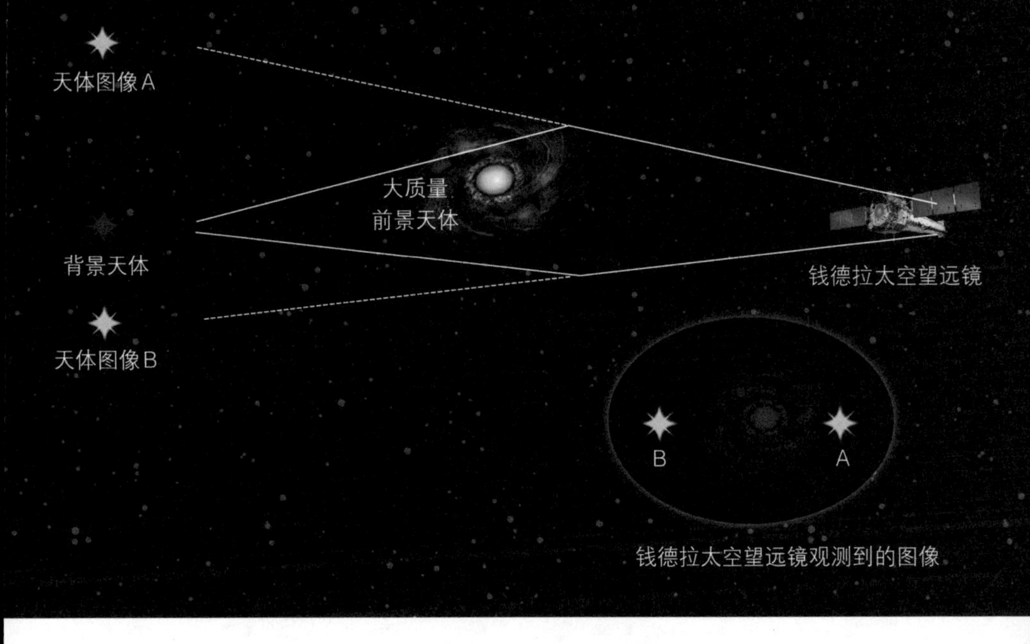

图2-3　引力透镜原理

两条可以到达观测者眼中的路径。如果前景天体的质量分布是球对称的，那么观测者会在前景天体周围一圈都观察到背景天体发出的光线。也就是说，观测者会看见一个环绕前景天体的光环，这个现象被称为“爱因斯坦环”（Einstein Ring）。不过，实际中像这样三点一线的情况十分罕见，只要有一点不在直线上，我们观测到的形状就会是弧形的，如图2-4所示。这样破缺了一小部分的圆环也被称为“宇宙马蹄铁”（Cosmic Horseshoe）。

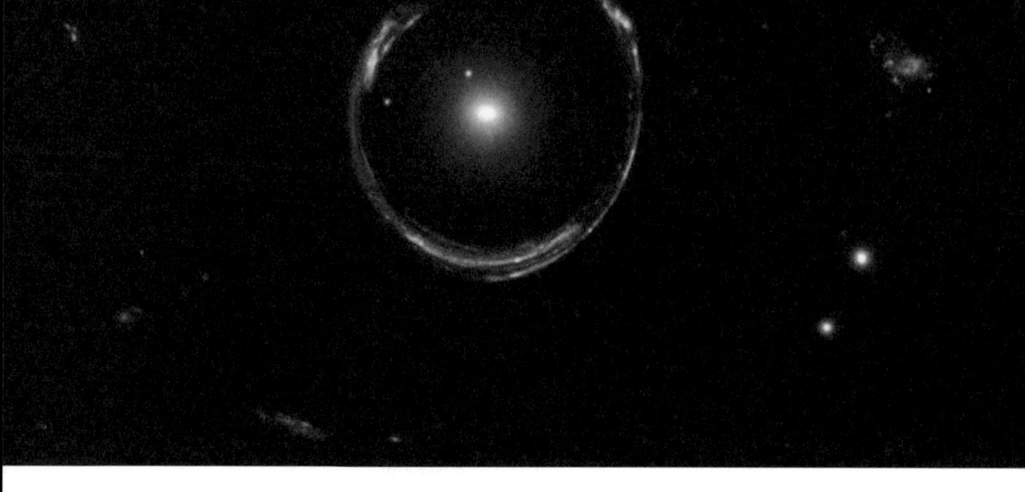

图2-4　哈勃太空望远镜拍摄的宇宙马蹄铁，这是一个名为LRG3-757的星系的引力透镜效应

宇宙中存在着许多有质量的物体，这些物体会不断地进行相互作用。我们在第1章中讲到了牛顿的万有引力定律，并用绳子代替引力，来说明两个物体间力的关系。但是，人们在大量的观察和实验中，逐步发现许多无法用牛顿的理论解释的现象，因此，我们需要不断提出新的理论，来帮助我们继续探索宇宙的奥秘。接下来，让我们继续了解爱因斯坦的广义相对论。

水星的进动

另一个单纯依靠万有引力定律无法解释的现象是水星（Mercury）的进动（Precession Motion）。天文学家以大量的观测数据为依据，指出了牛顿理论存在的局限性。

水星和地球都是太阳系中的行星，但是两者存在着许多不同之处。首先，水星距太阳约5 800万千米，而在第1章的最后，我们曾提到过日地距离约为1.5亿千米；其次，水星比地球小得多，水星的半径约为2 400千米，而地球半径约为6 400千米；再次，水星的公转周期不到88天，自转周期约为58天；最后，水星上的昼夜温差比地球的大，白天最高气温可达到420℃，夜间最低气温可至−180℃。德国天文学家约翰尼斯·开普勒（Johannes Kepler, 1571—1630）通过观察研究，最先提出了行星运动的三大定律。其中，第一定律又称椭圆定律，该定律认为，每一行星沿各自的

椭圆轨道环绕太阳，而太阳则处在椭圆的一个焦点上。焦点是不在椭圆正中心的，因此水星离太阳的距离有时会近一点，有时会远一点。离太阳最远的点是远日点（Aphelion），离太阳最近的点是近日点（Perihelion）。

如图2-5所示，天文学家观测到水星也同样沿着椭圆轨道围绕太阳运行，但是其运动的轨道并不是固定不变的。水星每公转一圈，它的轨道位置就前移一点，这就是水星的进动现象。经过天文学家的实际观测，水星近日点以每世纪5 600角秒的速度进动。但是，这个数值与根据牛顿定律计算得出的理论数值有较大误差，每世纪误差约有43角秒。1859年，法国数学家、天文学家奥本·尚·约瑟夫·勒维耶（Urbain Jean Joseph Le Verrier, 1811—1877）猜测，产生差异的原因是有一颗未知的行星对水星产生了干扰，这颗行星应该位于太阳与水星之间，他将其命名为"祝融星"（Vulcan）。虽然

天体椭圆形轨道偏离圆形的程度被称为轨道离心率。轨道离心率越接近0，轨道就越接近圆形。地球的轨道离心率约为0.016 7，而水星约为0.205 6，因此，地球的轨道近乎圆形，而水星的轨道更像椭圆。

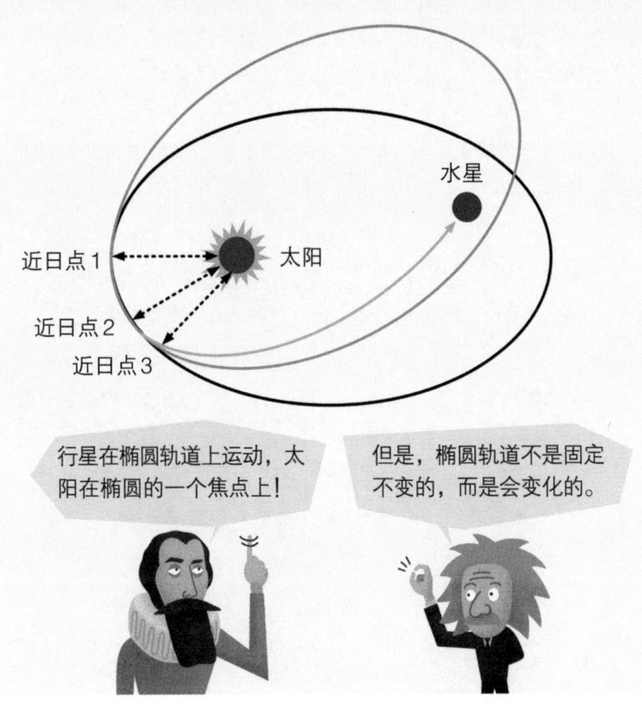

图2-5　水星进动引起的近日点进动

这是一个合理的猜想，但是，天文学家却始终没有观测到这颗行星的存在，因此，无法解释水星的进动问题就成了牛顿理论的不足之处。此后，科学家们仍在不断地进行研究，想尽了各种办法，始终无法解释为何会产生这种误差。直到半个世纪之后，随着广义相对论的问世，该问题才得以解决。正是由于科学家们的不懈努力，我们才能发现宇宙的更多奥秘，接下来让我们怀着尊敬和感恩之心，继续阅读下一章吧！

3

描述事件的方法

我们如何描述生活中发生的事件呢？我们先来回想一下，新闻是如何报道的。下面是一则新闻：

> “下午7时30分许，在通往首尔方向的京釜高速公路上，距沃川出入口约2公里处，一辆货车发生侧翻，数十箱橙子散落一地，造成了约2小时的交通堵塞。”

根据这则新闻，我们来思考一下描述事件的方法。我们通常从事件发生的时间和地点两方面来阐明该事件，即重点内容是事件发生在何时何地。我们一般不会先说事件的具体内容，而是先指出时间和地点这两条重要信息。以上述新闻为例，“下午7时30分许，在通往首尔方向的京釜高速公路上，距沃川出入口约2公里处”这些信息就准确地表述了事件发生的时间和地点。而物理学家则把这种时空坐标称为**四维矢量**。

四维矢量表示四个含义，即一个时间维度和三个空间维度。

勾股定理

从某个地点到发生特定事件的地点，我们一般用带箭头的线段来标记，像这样表示方向和大小的量叫作矢量。下面，我们来举例说明。如图3-1所示，假设爱因斯坦在*A*点，牛顿在*B*点。

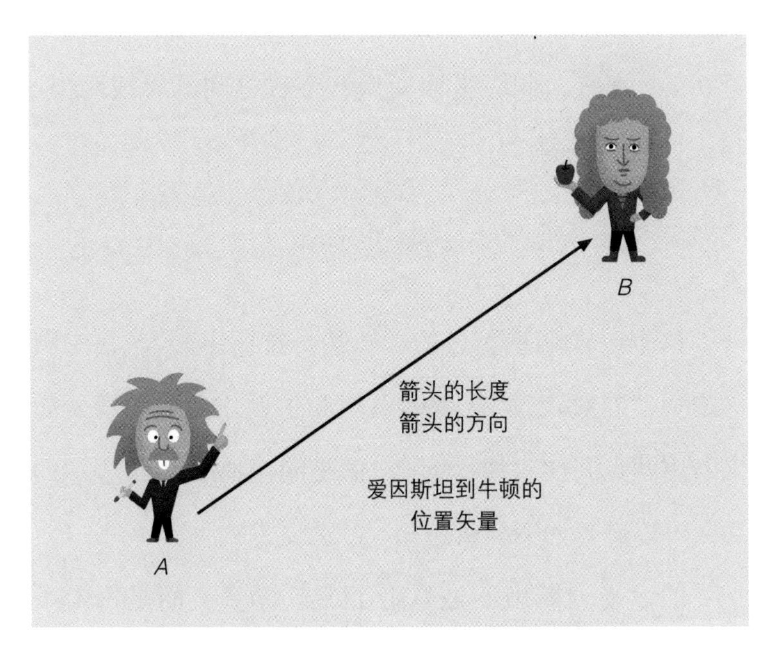

图3-1　爱因斯坦想从*A*点移动到*B*点去见牛顿

牛顿与爱因斯坦之间的距离，就可以用一条从A点到B点带箭头的线段来表示，这样既通俗易懂，又一目了然。牛顿所在的方向就是箭头所指的方向，两者之间的距离就是线段的长度。因此，只要知道方向和距离，爱因斯坦就能准确地到达牛顿所在的B点。至于如何求出两者之间的距离，在很久以前，毕达哥拉斯学派就已经进行了相关研究，其提出的理论如下。

如果爱因斯坦没有按照图3–1中箭头所指示的方向去往B点，而是先向东走a步，再向北走b步，最终到达B点。那么，此时爱因斯坦和牛顿之间的直线距离c与a、b的关系是：

$$c^2 = a^2 + b^2$$

这个公式就是著名的“毕达哥拉斯定理”，在中国称之为“勾股定理”。爱因斯坦和牛顿之间的距离，如果不用两点间的直线c表示，而是间接地用a、b表示的话，可以进行如下分析。

假设爱因斯坦不是只走了a步、b步，而是每走一步，身后就会砌成长度和高度为1的墙壁，走两步，就

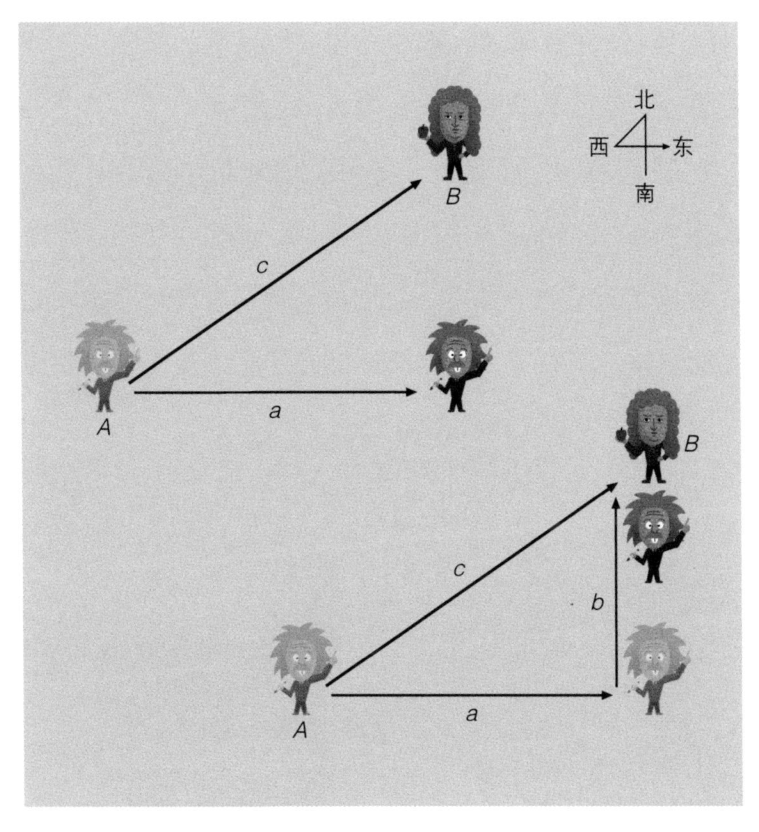

图3-2　爱因斯坦为了与牛顿见面，先向东走了a步，后向北走了b步

会砌成长度和高度均为2的墙壁。爱因斯坦以这种方式走了a步，就砌成了长度和高度为a的墙壁。随后，他又改变方向，以同样的方式向北走了b步，到达了牛顿所在的B点，后面也同样砌成了长度和高度为b的墙壁。现在，我们将这两面墙的砖块全部拆除，并用这些砖块

在道路c上重新砌墙，那么，在爱因斯坦和牛顿的直线距离上，就会砌成长度和高度为c的墙壁。

我们再举一个例子，如果爱因斯坦向东走了三步（$a=3$），又向北走了四步（$b=4$），那么，他径直走向牛顿需要走五步。此时，我们再来数一下墙壁上砖块的数量，向东走用了9块砖，向北走用了16块砖，一共用

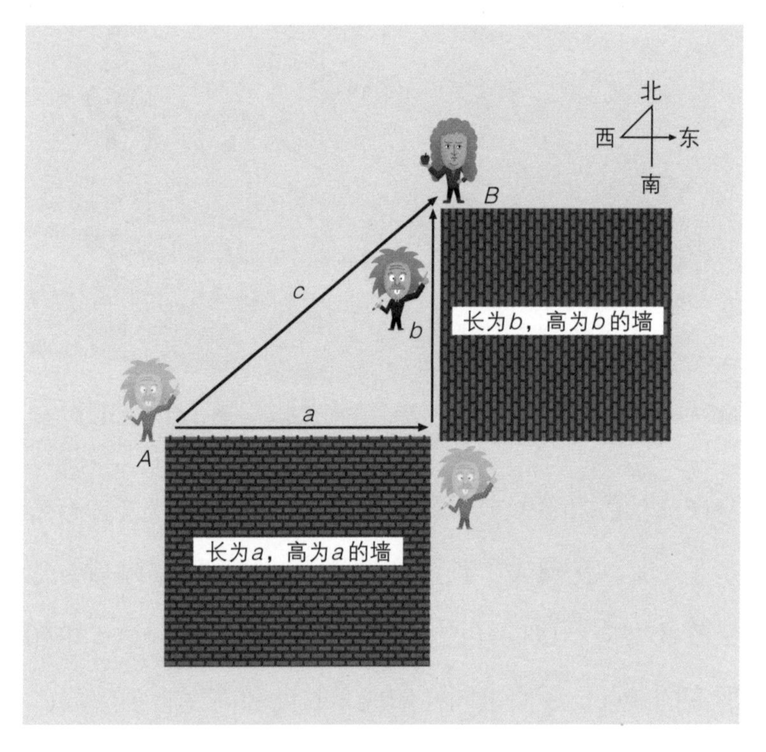

图3-3　爱因斯坦走过的路后面，会砌起长和高一样的墙

了25块砖，那么，在两人的直线距离上就可以砌起长度和高度为5的墙壁。

在上述例子中，我们通过“向东走a步，向北走b步”这条信息，不仅可以知道两人之间的距离，还可以知道他们各自所在的方向，即这条信息实际上表示了牛顿在爱因斯坦东偏北角度N的方向上，且N与a、b的关系如下：

$$\tan N = \frac{b}{a}$$

符号“tan”的中文名为正切，是**三角函数**之一。所以，如果我们知道步数a和b，那么我们就可以通过正切函数，知道从A点走到B点，需要朝哪个方向前进。而行走的步数我们可以通过勾股定理，即$c^2 = a^2 + b^2$求出。

三角函数是表示三角形的三条边和三个角关系的函数，包括正弦（sin）、余弦（cos）、正切（tan）函数与它们的反函数。

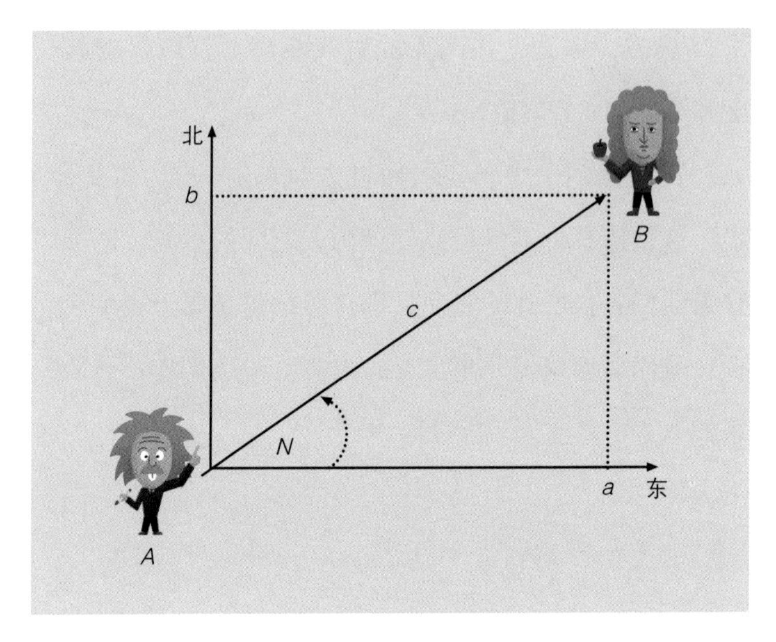

图3-4 c的长度是多少呢?

到目前为止，我们探讨了描述二维平面空间内位置的方法。同理，我们如果要描述三维空间内的位置，比如要描述正在飞行的飞机的位置，除了要说明飞机的位置和方向，还要说明飞机飞行的高度，为此，我们只需增加一个空间轴即可。也就是说，我们在描述某一物体在三维空间内的位置时，除了要说明二维空间里的东西南北，还要说明高度这一信息。此时，方向的说明也会变得复杂，即使如此，我们通过使用矢量，仍然可以在三维空间中明确地表达某个物体的位置信息。

使用矢量

目前，我们已经了解了勾股定理及其意义，其中的重点内容是，我们在描述某个物理事件时，如果知道表示长度（距离）和方向的矢量，就能很容易地掌握此事件的信息。因为该方法十分便利，所以，物理学家通常使用矢量来描述某个物理事件。

如果在描述位置时加上时间信息，我们就可以将某个物理事件有逻辑地描述出来。因此，闵可夫斯基认为，这种扩大的描述可以将时间囊括在内。就这样，时间和空间就成了一个统一的概念。所以，描述事件的矢量也可以在时空中统一表现出来，这就是我们前面提到的时空四维矢量，它由一个时间维度和三个空间维度组成，我们可以按照前面提到的方式来计算时空的方向和距离。但是，像这样增加维度信息，又增加时间信息，情况就会复杂得超出我们的想象。幸好，我们可以通过数学逻辑体系去解决该问题。运用数学逻辑体系虽然也十分抽象，但它可以明确地描述时空中的物理事件。

曲面上的最短距离

大家都听说过几何学吧？几何学是一门研究空间上的点、线、面、体积等性质及规律的学科，数学家在很久以前就开始研究这门学科了。数学家欧几里得在数百年前建立了“欧几里得几何学”，而平面几何学就是其中的代表。我们都知道“三角形内角之和是180度”，而且根据勾股定理，我们可以求出平面上直角三角形斜边的长度。但是，在像地球表面这样的曲面上，平面几何学显然是不成立的。

如图3–5所示，适用于曲面的几何学被称为“非欧几里得几何学”（Non-Euclidean Geometry）。实际上，地球表面上两点之间的最短距离不是平面上的直线距

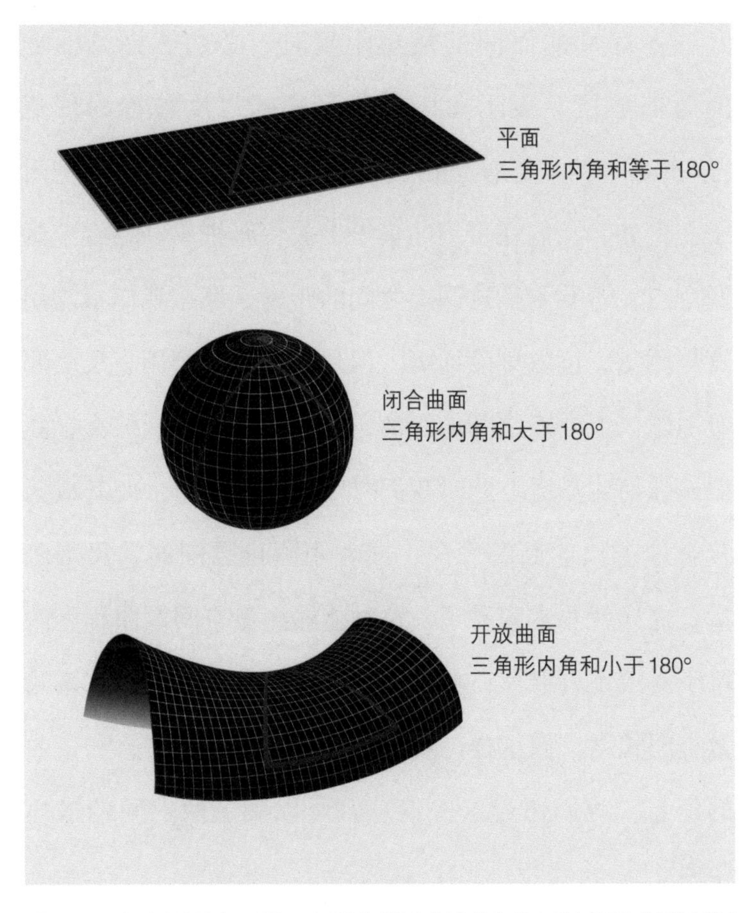

图3-5　与在平面中不同，在闭合曲面（球状）和开放曲面（马鞍状）中，三角形的内角和不是180°

离，而是沿着地球表面的曲线距离。我们来回顾一下前文中蚂蚁在苹果表面爬行的例子，就可以理解这个道理了。

在定义曲面间的最短距离时，必须考虑到曲面的弯曲程度。表示曲面弯曲程度的尺度被称为度规（Metric）。为了方便理解，我们可以把度规当作一把尺子。例如，我们在平坦的桌子上放一张纸，并在纸上画两个点，若要测量这两点之间的距离，那么我们只需用直尺测量，读取刻度即可。但是，如果我们用直尺去测量地球仪上两点之间的距离，难度会非常大。那么，我们该如何测量呢？此时我们可以把直尺弄弯，使其成为符合地球仪球面的弯尺，或者用测量腰围的卷尺来测量，这样就非常容易了。这种能够测量空间弯曲程度的尺子就成了万能尺，在任何情况下，我们都能用它来测量空间长度。像这样，度规包含了表示时空平直和弯曲的信息，我们通过这些信息就可以确定两点间的最短距离。

读到这里，大家一定费了不少心思。因为是初次接触上面的内容，所以对大家来说难度很大，不免会感到头疼。即便如此，只要我们养成习惯，每次阅读都集中精力，持之以恒，这些问题都会迎刃而解。所以，我们在阅读下一章内容之前，要先弄清楚前面学过的知识。如果有不明白的地方，可以再仔细地阅读一遍。因为，我们的目的是“即使读得慢，也要读有所思、读有所感”。所以，大家不用担心自己进度慢，我们慢慢来。

4
爱因斯坦引力场方程

等效原理

前面提到过，万有引力定律无法解释引力的一切奥秘。所以，为了解释引力是如何作用的，爱因斯坦引入了物体在弯曲时空中运动的概念，并推导出其数学公式。他在专利厅工作期间，时常会陷入沉思。他思考的内容如下。

假设有一个人，站在一部密闭的电梯中，当电梯静止时，由于人受到地球引力的作用，他会在地板上保持站立，他的双脚对地板的压力正好等于他的体重。如果这部电梯脱离了地球的引力场，比如我们把电梯搬到太空中，让它以与重力加速度数值相等的加速度向上运动，此时，虽然没有了地心引力的作用，但是由于电梯在加速上升，所以电梯里的人不会处于飘浮在空中的失重状态，而是仍然可以站立在地板上的，他的双脚与地板之间的压力仍等于他的体重。此时，这个人无法判断自己到底是在地球上静止的电梯里，还是在太空中加速上升的电梯里。

再假设，这个人在乘坐电梯时，电梯的钢缆突然断了，于是，电梯便以自由落体状态向地面坠落。在坠落的过程中，电梯里的人会感觉到什么？对，失重。失重意味着什么？意味着感受不到地心引力，因为下落的过程中，向上的惯性力正好抵消了地心引力。想一想，还有什么地方会让人感觉失重呢？没错，太空。如果这个电梯摆脱了地心引力的影响，来到了太空中，电梯里的人一样会处于失重状态。也就是说，这两种状态是等价的。

如果自由下落的电梯里的人拿出一块手帕和一只手表，并松开双手，这两个物体会怎样运动呢？电梯外的观察者以地球作为参考系，他会发现：手帕、手表和电梯连同它的天花板、四壁、地面，以及里面的人，都以同样的加速度下落。而电梯里面的人则以电梯作为参考系，他会发现手帕和手表飘浮在半空中，处于静止状态。在这个例子里，以地球为参照物的参考系就是惯性系，以做自由落体运动的电梯为参照物的参考系就是非惯性系。

爱因斯坦以此为契机，认真思考引力的本质，提出了“等效原理”，即引力和加速度等价。也就是说，在加速度的参考系里发生的事情，和在引力场里发生的事情是一样的，就像上面例子中的第一种情况一样，电梯里的人无法区分自己处在哪个环境。爱因斯坦终于找到了解决问题的关键，有了等效原理，就有可能把相对性原理从惯性系推广到非惯性系。因此，等效原理是广义相对论的第一原理。

名人往事1

长期以来，马塞尔·格罗斯曼（Marcel Grossmann, 1878—1936）和爱因斯坦既是同事，也是好友。在学生时代，两人一起讨论学习。爱因斯坦不喜欢被束缚，性格自由奔放，而格罗斯曼则处事细心，两人性格互补。格罗斯曼对爱因斯坦帮助很大。爱因斯坦常常觉得学校的物

理课枯燥乏味，而认为当时的最新理论——“麦克斯韦电磁场理论”很值得学习，他便会旷课去乘船游玩，并经常在游玩时借书来阅读。多亏了格罗斯曼经常把自己的笔记借给爱因斯坦，爱因斯坦才能顺利通过考试，从苏黎世联邦理工学院毕业。爱因斯坦毕业后没能找到工作，于是格罗斯曼便拜托父亲，帮助爱因斯坦找到了在瑞士伯尔尼专利局的工作。两人经常交流想法，都致力于科学研究。格罗斯曼有时还会为爱因斯坦提供生活费，在物质上和精神上都给予了他极大的帮助。另外，两人还会一起讨论、研究关于时空弯曲的引力理论，当爱因斯坦苦恼于如何对理论进行数学描述时，格罗斯曼就会去图书馆查询黎曼等人的论文并分享给爱因斯坦。爱因斯坦非常感激，因为这些资料对他很有帮助。正是因为格罗斯曼对爱因斯坦的帮助，才有了今天的广义相对论。

使时空弯曲的物质

以电梯的假想实验为出发点，爱因斯坦从1907年开始，对引力的相对性理论进行了长达八年的探索。在历经多次弯路、犯下多次错误之后，他于1915年11月在普鲁士科学院上做了发言，其内容正是著名的爱因斯坦引力场方程（Einstein Field Equation）。

爱因斯坦引力场方程如下所示：

$$R_{ab}-\frac{1}{2}g_{ab}R=\frac{8\pi G_N}{c^4}T_{ab}$$

这个方程式看起来比较复杂，但是不需要我们现在掌握它。实际上，我们如果没有学习过高等数学和物理，很难理解此方程式。我们将省略对该方程式的详细解释，只对其概念进行简单说明。

这里的R表示时空的曲率，也就是时空的弯曲程度。曲率越大，表示时空的弯曲程度越高。这个方程式的左边表达的是时空的弯曲情况，而右边则表达的是物质及其运动。该方程式体现了一种相互作用，即物质的存在改变了时空的形状，而时空形状的改变又会影响物质的运动。它把时间、空间、物质和运动这四个自然界最基本的物理量联系了起来，描述了物质和时空之间的关系，具有非常重要的意义。

名人往事2

戴维·希尔伯特（David Hilbert, 1862—1943）是德国著名数学家，也是世界上最伟大的数学家之一。在1900年，希尔伯特提出了23个重要的数学问题，统称为“希尔伯特问题”。这些问题成为许多数学家力图攻克的难关，对现代数学的研究和发展产生了积极的推动作用。在希尔伯特的诸多成就中，一个非常重要的成就与广义相对论有关。

在研究广义相对论时，爱因斯坦一直为没能找到描述引力场的正确方程式而苦恼，这与他本人的数学基础有关——爱因斯坦毕竟是学物理出身，对艰深的数学计算不是很在行。

1915年，爱因斯坦受到希尔伯特的邀请，在哥廷根大学讲授了时空弯曲的引力理论。作为数学家，希尔伯特对爱因斯坦的理论非常感兴趣，开始尝试凭借高超的数学技巧独立推导引力场方程的正确形式。与此同时，爱因斯坦也在继续拼命地推导引力场方程。

1915年11月20日，在爱因斯坦发表广义相对论的前五天，希尔伯特在哥廷根皇家科学学会上做了报告，发表了他的结果。同年11月25日，爱因斯坦也发表了自己的结果。虽然两人最后得出了同样的结论，甚至与爱因斯坦的方法相比，希尔伯特的演算方法更加流畅、简洁，但是希尔伯特并没有与爱因斯坦争夺引力场方程的发现权，因为他知道，爱因斯坦才是广义相对论当之无愧的创始人。由于希尔伯特推导引力场方程的方法更具优势，所以更多地被人们所用。为了纪念希尔伯特的贡献，推导出爱因斯坦引力场方程的作用量就被称为爱因斯坦–希尔伯特作用量（Einstein-Hilbert Action）。

1930年，临近退休的希尔伯特做了一场题为《自然认知及逻辑》的演讲。针对当时一些人信奉的不可知论观点，希尔伯特满怀信心地宣称："我们必须知道，我们必将知道。"希尔伯特去世后，这句话作为墓志铭，刻在了他的墓碑上。

5

歌颂星星

繁星璀璨的宇宙

大家都喜欢仰望星空吧？可惜，现在城市里普遍存在“光污染”，夜晚灯光太亮，星光则相对较暗，我们很难在城市的夜空中看到星星。但是，如果我们去远离城市的大自然，就能欣赏到被群星点缀的夜空。从古至今，星星一直都在，并且人们相信它们将永远陪在我们身边。正因为如此，我们赞美星星，赋予星星名字，对星星倾诉感情，向星星许下愿望……在希腊神话中，众神和人类在死后会化作星辰，以星座的形式继续存在。事实上，人死后变成星星并不只是传说，从天文学角度来看，这一说法并没有错。如果我们追溯星星的构成元素，以此来理解死亡的话，这一说法就会变得科学且富有诗意。

从科学发展的历史来看，天文学的历史十分悠久。在人类诞生以前，星星便一直存在。人类诞生以后，我们用肉眼观察星星，进行天马行空的想象。我们还将星座看作海上的灯塔，来指引航海家航行的方向。从我们对星星产生好奇的那一刻起，天文学便开始发展。因此，天文学是一门历史悠久的学科，好奇心驱使天文学家们不断探索其中的奥秘，探究星星的位置及其运动规律。

从中世纪到近代，随着人们认知水平的提高，我们逐渐发现夜空中看似永恒不变的星星，其实和地球并无不同，都是宇宙中的一部分。渐渐地，我们对天体运动产生了兴趣，并尝试解释天体的运动。于是，曾经被当作“神界法则”的天文学，成为近现代科学中非常受欢迎的学科。后来，布拉赫、伽利略、开普勒、牛顿等科学家前赴后继，创立了**天体力学**。至此，人们才明白，正是万有引力影响了天体的运动。

天体力学是研究天体的力学运动和形状的科学，属于天文学的分支学科。

探索宇宙的艰辛

然而，对天体运动的研究在理论上虽然有所突破，但也只是停留在对现象的描述上，万有引力定律无法解释恒星的形成、演化等本质问题。在第2章中，我们也曾提到，19世纪50年代，勒维耶发现在水星近日点的进动问题上，万有引力定律与观测事实发生了矛盾。这进一步揭示了万有引力定律的局限性。

1915年，爱因斯坦完成了广义相对论。一个月后，德国天文学家卡尔·史瓦西（Karl Schwarzschild, 1873—1916）通过简单的假设，提出了引力场方程的第一个精确解，即“史瓦西解”，又称“史瓦西度规”。史瓦西曾担任过波茨坦天文台台长，即使早已取得了不凡的学术成

图5-1　卡尔·史瓦西

就，可他从未止步。第一次世界大战爆发后，他参军入伍，被派到炮兵部队去计算弹道。在炮火中，史瓦西的研究热情丝毫未减，在枪林弹雨中，仍然致力于求出爱因斯坦场方程的最简解。

由于爱因斯坦场方程太过复杂，不能用一般方法解决。于是，史瓦西另辟蹊径，从最简单的假设入手：假设在一个静止的真空中，只有一个质量为m的球对称天体，此时，引力场方程的解是什么？在这种特殊的假设下，史瓦西将方程简化，得出了爱因斯坦场方程的第一个精确解。但令人惋惜的是，史瓦西还没有来得及享受他的研究成果，就在前线生了一场病，与世长辞了，那时，距离史瓦西提出方程解仅过了四个月。幸好史瓦西生前将关于方程解的论文寄给了爱因斯坦，这一伟大研究成果才得以公之于世。

爱因斯坦对史瓦西的求解方法赞叹不已，他甚至不敢相信有人能在如此短的时间内，用如此简洁的方式得出方程的精确解。史瓦西解不但准确地描述了一个静止的、不带电的、球对称的天体外部的引力场（或者说是天体外部时空的弯曲情况），也是对太阳系中引力场的一个很好的描述。因为太阳本身近乎球形，其周围物质的质量很小，以至于可以被看作真空，太阳系中所有光线和行星、彗星等天体都沿着史瓦西弯曲时空的测地线运动。可以说，史瓦西假设的条件虽然简单，却是大多数天体真实情况的最粗略的近似。现在，这些运动轨道被准确地计算出来，并与人们观测到的行星运动以及水星的进动现象精确相符。而且，史瓦西指出，如果某天体全部质量都压缩到很小的“引力半径”范围之内，它附近的引力场将非常巨大，所有物质、能量，包括光线都难以逃逸，从外界看，这天体就是绝对黑暗的存在，也就是我们如今所说的“黑洞”。

然而，当时很多科学家，甚至连注重实践和观测的史瓦西本人都不愿意接受黑洞的存在，认为这个数学上的解根本就没有对应的物理意义。现如今，科学家们逐渐理解了黑洞的本质。虽然我们无法直接观测到黑洞，但可以由间接的方式得知其存在，测定其质量，并且观测到它对其他事物的影响。

引力作用下的诞生

引力的本质是物体间的相互作用，它能使物质聚合起来。这种作用会自然且持续地发生，而恒星就是这样形成的。大家都听说过“气压”这个词吧？“高气压”“低气压”这些词常出现在天气预报中，虽然我们不太关注“气压”，但却无时无刻不受到它的影响。我们每平方厘米的皮肤会受到10牛顿左右的压力，但在这种情况下，我们的身体也没有被撕扯开，其原因就在于外部气压和我们体内气压大致相等。同样，恒星为了不被撕裂，且维持一定的大小，需要一个与引力相持平的反作用力。我们在第2章提到过，广义相对论有一位忠实的支持者——英国天文学家爱丁顿，他预测在恒星诞生的自然过程会产生这种反作用力。

1926年，爱丁顿曾在一本名为《恒星内部结构》（*The Internal Constitution of the Stars*）的著作中指出，星星之所以能维持其大小，是因为氢和氦的存在。

氢是自然界中最简单的元素，一个氢原子由一个质子和一个电子构成。由于质子的质量大约是电子的1 800倍，远大于电子的质量，因此我们可以把氢原子的质量看成是质子的质量。元素周期表的第2个元素是氦，它由两个质子、两个中子和两个电子构成。由于中子和质子的质量大致相等，所以氦原子的质量就相当于四个氢原子的质量。可事实上，氦原子的质量比四个氢原子要少0.7%，这是因为氢通过核聚变反应转为氦的过程中会释放能量。正如爱因斯坦在狭义相对论中所说，这是质量亏损转变为能量的典型事例，即著名的**质能方程**$E=mc^2$。于是，爱丁顿从这一结论中推测出，构成恒星的物质会通过核聚变反应释放能量，并为其提供足够强大的反作用力来与引力抗衡。

这一推测非常准确。实际上，四个氢原子进行核聚变反应时，会生成氦原子，并释放光线以及正电子和

质能方程$E=mc^2$是狭义相对论里的重要公式，但它并不表示质量和能量是一回事。质量和能量是物质的两个不同属性，犹如一枚硬币的正反面，质能方程揭示了质量与能量的对应关系。

中微子等物质。这一反应的发生，是由引力坍缩（周围物质向中心聚集的现象）导致中心压力急剧增大，内部温度骤然升高引起的。在核聚变反应的过程会产生巨大的、向外的压力。也就是说，宏观世界的吸引（引力）和微观世界的排斥（核聚变反应）使恒星能够维持一定的大小，高悬于夜空。

宇宙的化工厂——恒星

前面我们说过，物体会受引力的影响而相互吸引。在宇宙大爆炸之后，即宇宙的形成初期，含量最丰富的元素是氢原子。这是因为氢原子的结构简单，易于生成。氢原子受到引力的吸引而不断聚集，形成恒星。如果恒星内部温度和压强不断升高，达到发生核聚变反应的条件，便会产生氦，继而合成锂、碳、氮、氧等元素。这些元素在核聚变反应中被消耗殆尽后，恒星的生命也走到了尽头，最终发生爆炸。而这些元素则散落到宇宙之中，在引力的作用下，它们会重新聚集，成为下一颗星星的构成元素。这个过程是不是和水循环很相似呢？海水蒸发，成云致雨，雨水汇入江河湖川后，再次流入大海，如此循环往复。元素的产生过程也是如此，最终，恒星产生的新元素通过爆炸散落到宇宙中，便有了现存的所有元素。

星体会按照一定的规律发生核聚变。根据恒星内部核聚变反应的程度以及初始质量的不同，其进化程度和内部生成的元素也各不相同。小质量恒星在烧完氢原子核后就会冷却，而那些大质量、大引力的恒星可以继续促发氦原子核的核聚变反应，生成原子序数更高的元素。即氢元素被消耗殆尽以后，会继续生成并燃烧氦、碳、氧，最后是铁。铁原子核的“比结合能”最大，这意味着铁原子核非常稳定，无论是要掰开它，还是继续聚合它，都非常困难。在生成铁原子核之前，核聚变反应都是释放能量，而要让铁原子核发生核聚变，则反过来需要提供能量。因此，只有质量非常大的恒星才能达到铁原子核的聚变条件。铁原子燃烧，意味着恒星的一生即将结束，最终会通过爆炸形成超新星。在超新星爆炸的过程中，就会产生原子序数比铁元素更高的元素。

在星星反复诞生、消亡的过程中，新元素不断产生，成为宇宙中的一员。至此，为何星星被称为宇宙的化工厂，想必大家已经知道答案了吧！

本章的第一部分曾提到过，人类死后会幻化成星星的说法具有一定科学性。正如刚才所说，组成我们身体的元素全部来自星星，因此，人类死后，身上的元素分解，直到50亿年后太阳演变为红巨星，吞没地球，曾经存在于人体内的元素也会回归恒星，变为太阳的一部分。或许再经过百亿年漫长的时间，熄灭的太阳（白矮星）会与另外的星际物质相撞，耗散的星云开始孕育新的恒星，我们体内的元素也许会在那里，成为新的恒星的一部分。这样来看，我们都是星星的后裔，也是形成新的星星必不可少的一部分。

当恒星内可发生聚变反应的元素用尽后，内部压力不足以与自身的引力保持平衡，就会坍缩成为尺度非常小、密度非常大的天体，这类被称为致密星（Compact Stars），主要指白矮星、中子星和黑洞。下一章我们将探讨：引力是如何使星体演变为致密星的？我们又是如何揭开其神秘面纱的？敬请期待吧！

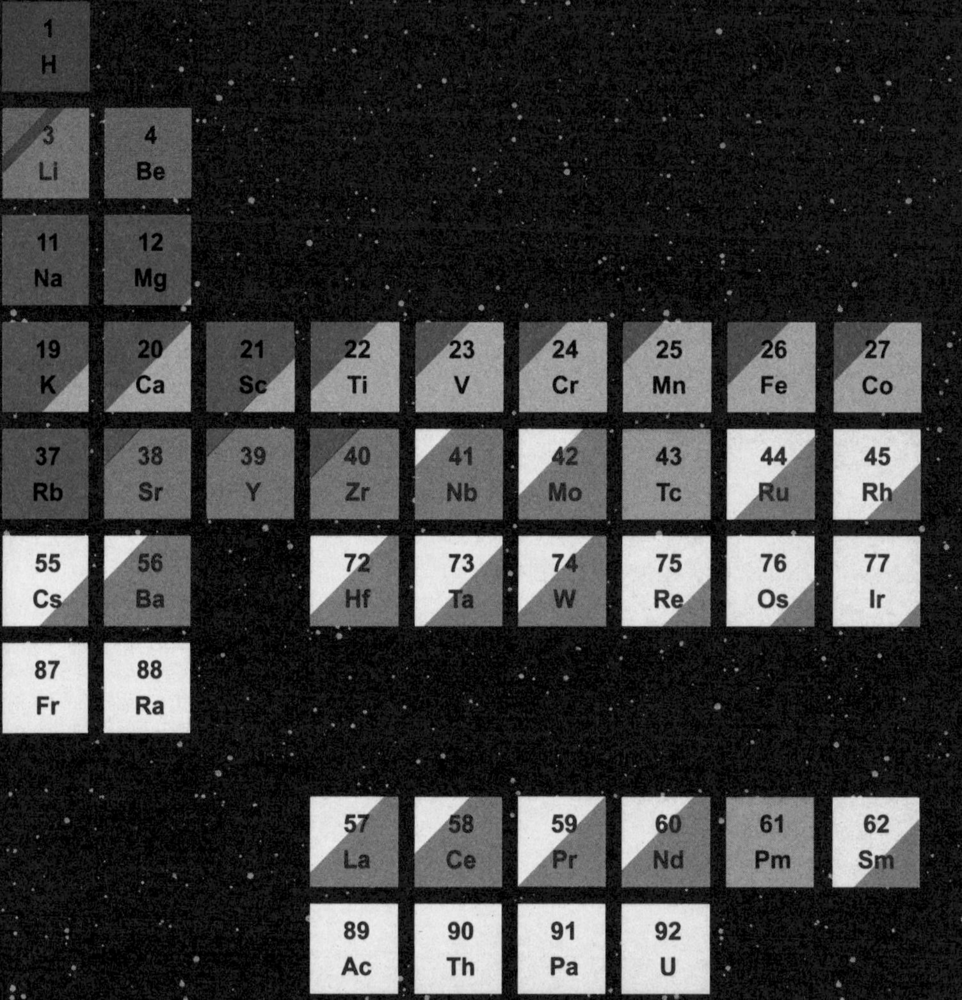

1 H
3 Li
4 Be
11 Na
12 Mg
19 K
20 Ca
21 Sc
22 Ti
23 V
24 Cr
25 Mn
26 Fe
27 Co
37 Rb
38 Sr
39 Y
40 Zr
41 Nb
42 Mo
43 Tc
44 Ru
45 Rh
55 Cs
56 Ba
72 Hf
73 Ta
74 W
75 Re
76 Os
77 Ir
87 Fr
88 Ra
57 La
58 Ce
59 Pr
60 Nd
61 Pm
62 Sm
89 Ac
90 Th
91 Pa
92 U

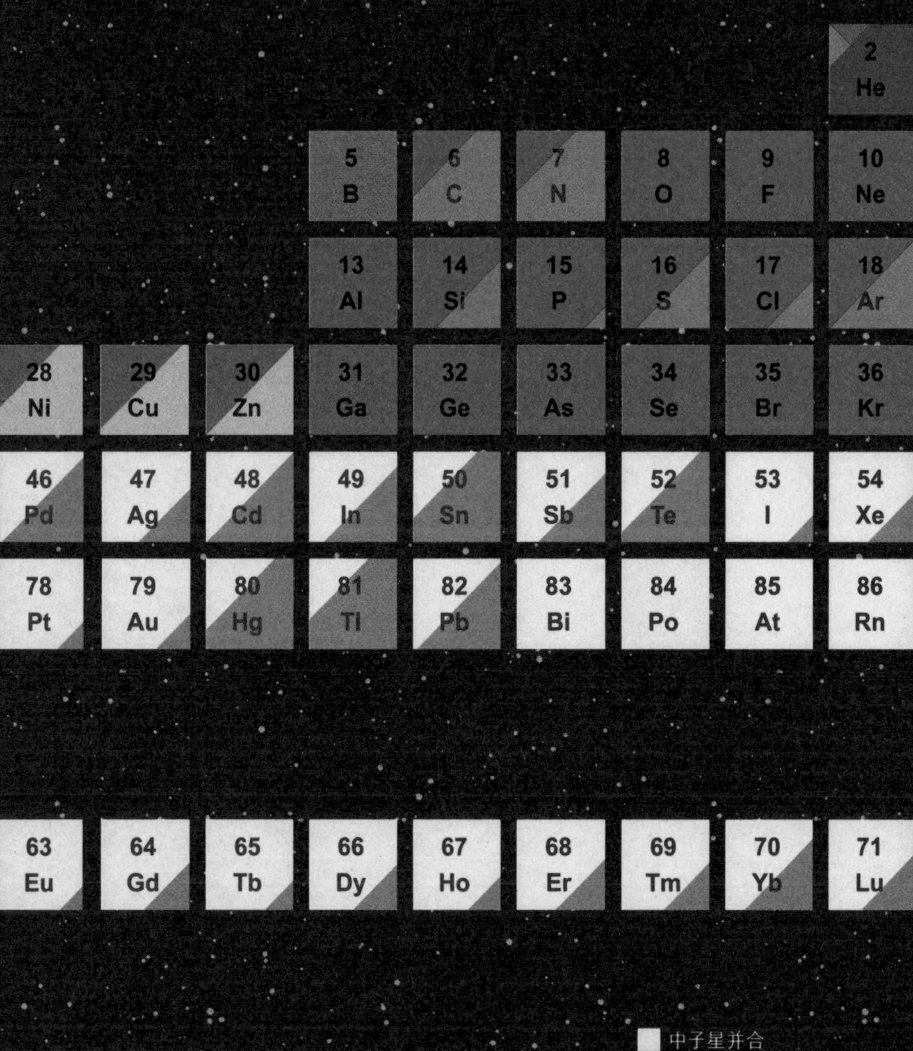
2 He
5 B
6 C
7 N
8 O
9 F
10 Ne
13 Al
14 Si
15 P
16 S
17 Cl
18 Ar
28 Ni
29 Cu
30 Zn
31 Ga
32 Ge
33 As
34 Se
35 Br
36 Kr
46 Pd
47 Ag
48 Cd
49 In
50 Sn
51 Sb
52 Te
53 I
54 Xe
78 Pt
79 Au
80 Hg
81 Tl
82 Pb
83 Bi
84 Po
85 At
86 Rn
63 Eu
64 Gd
65 Tb
66 Dy
67 Ho
68 Er
69 Tm
70 Yb
71 Lu
中子星并合
小质量恒星灭亡
大质量恒星爆炸
白矮星爆炸
宇宙大爆炸
宇宙射线裂变
人工合成

6

难以承受的引力之压

夜晚时分，我们望着满天繁星，总会有人感性地说：“我们的爱就像恒星，永恒而美丽。”一些理科生则会无趣地反驳说：“恒星不是永恒的，如果恒星内部核聚变反应结束的话，恒星就会死亡！”每当这时，浪漫的气氛就会突然被打破，我们可能会指责他们是“没情调的理科生”，但是，他们说的却是无可争辩的科学事实。

我们在上一章说过，引力使物质聚合，形成恒星，随着恒星内部压力的不断增大，温度持续升高，导致氢元素发生核聚变反应变成氦元素，进而产生巨大的能量。来自星体内部的压力与自身的引力抗衡，恒星才得以维持一定的大小。那么，恒星在燃料耗尽后会变成什么样呢？对于这个问题，科学家们曾各执己见，争论不休。

恒星的末日

1915年，美国天文学家沃尔特·西德尼·亚当斯（Walter Sydney Adams, 1876—1956）在美国加利福尼亚

州的威尔逊山天文台（Mount Wilson Observatory）上观测到了天狼星的**伴星**，并得知它属于白矮星（White Dwarf）。天狼星的主星A是在地球上能看到的、除太阳之外最亮的恒星，其大小约为太阳的1.7倍，质量约为太阳的2倍，而这颗伴星——天狼星B星的大小与地球差不多，质量却与太阳相似，因此密度非常大。

英国物理学家、天文学家拉尔夫·霍华德·福勒（Ralph Howard Fowler, 1889—1944）曾研究过恒星的生命末期问题，并在1926年运用量子物理学的基本原理解释了白矮星的诞生过程。他指出，当恒星内部的燃料耗尽后，由于无法平衡引力，恒星会受引力的影响而坍缩。在这个过程中，原子核被紧密压缩在一起，和它一同的电子则会没有足够的空间运动。在极度压缩的环境下，由于电子间的剧烈碰撞，产生了足够大的压力来抵抗引力，这种压力被称为电子简并压力（Electron

在双星系统中，较明亮的星体是主星，较暗的星体是伴星。

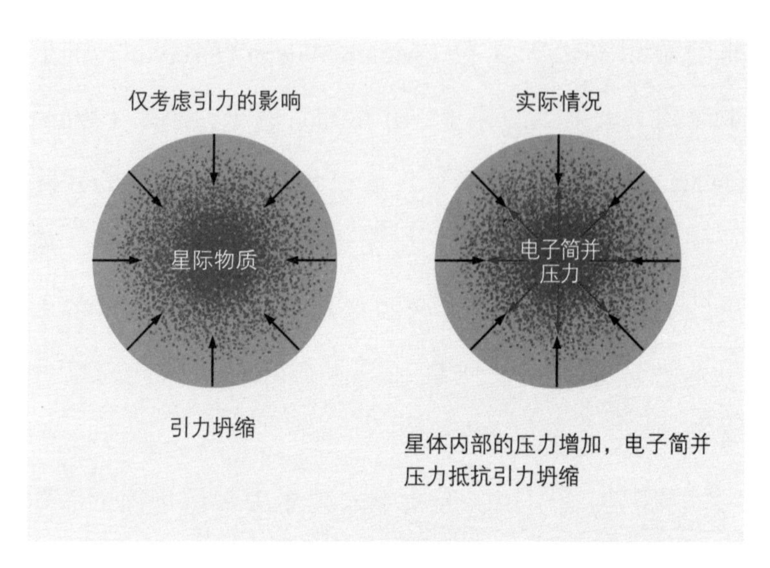

图6-1 电子简并压力阻碍了恒星坍缩，从而形成白矮星

Degeneracy Pressure）。在这种平衡状态下，恒星可以再一次停止坍缩，形成白矮星。福勒认为，与之前的恒星不同，白矮星不再发出耀眼的光，而只能发出微弱的光线，变得冰冷、苍白，面临死亡。

但是，福勒在研究中没有考虑到狭义相对论的观点，即粒子的速度无论多快都不可能超过光速。而在这一研究领域，一位名不见经传的印度青年逐渐走进了人们的视野，并最终获得了诺贝尔物理学奖，他就是苏布拉马尼扬·钱德拉塞卡。

天才的悲剧

苏布拉马尼扬·钱德拉塞卡（Subrahmanyan Chandrasekhar, 1910—1995）在很小的时候就显现出了他的数学才能。为了攻读英国剑桥大学的博士课程，19岁的他乘船去往英国，在船上，他了解了福勒的相关研究成果，发觉其中缺少了一些重要的东西。他意识到，大质量的恒星在收缩的过程中，中心处电子的速度几乎达到了光速。经过研究，他发现了福勒缺少对于狭义相对论的思考，于是开始修正该理论，并有了惊人的发现，也就是钱德拉塞卡极限（Chandrasekhar Limit）。钱德拉塞卡极限指白矮星的质量不会超过太阳质量的1.44倍。也就是说，当恒星的质量超过1.44倍太阳

图6-2　苏布拉马尼扬·钱德拉塞卡

质量的时候，恒星将不会变成白矮星，因为如果某个恒星质量超过了这个限度，那么仅凭电子之间的压力是无法阻止恒星收缩坍塌的，届时，星体就会面临全面的坍缩，其密度将趋于无穷大，体积将趋于无穷小。钱德拉塞卡推导出这一伟大发现时，还只是一名学生。即使是博士毕业的教授，也很难有此发现。但是，钱德拉塞卡做到了，可见他是一位伟大的天才。

讽刺的是，这一伟大发现也造成了钱德拉塞卡的不幸。他将该发现公开之后，便引起了他的导师爱丁顿的不满。当时，爱丁顿不仅是钱德拉塞的导师，还是剑桥大学最伟大的天文学家之一。爱丁顿认为，所有恒星的演化都和质量无关，恒星最后都会坍缩成白矮星。钱德拉塞卡虽然将他的发现公之于众，但由于与爱丁顿的观点相悖，他的研究在很长一段时间内都不受认可。当时，天文学家如果要认可钱德拉塞卡提出的极限质量，就必须要承认“超大质量恒星的终结就是变成黑洞”的观点。但由于那时人们掌握的天文学知识具有局限性，天文学家很难理解这一现象，认为黑洞是不存在的。

终于，经过20多年的检验，钱德拉塞卡的理论被证实是正确的，科学家们也终于认可了他的想法。1983年，也就是爱丁顿去世近40年后，钱德拉塞卡获得了诺贝尔物理学奖，这也间接证明了爱丁顿的理论是错误的。在过去几十年里，钱德拉塞卡受到了无数冷眼和漠视，内心备受煎熬，后来他移居到了美国，从此不再涉足黑洞的研究。钱德拉塞卡虽然十分好奇比白矮星质量更大的恒星最终会变成什么，但由于自己的观点和导师的想法相悖，并且后来发生了诸多事情，他最终放弃了这一研究课题。在天文学史上，这是一件十分遗憾的事情。

超新星、中子星和引力坍缩

与爱丁顿不同，德国天文学家沃尔特·巴德（Walter Baade, 1893—1960）和瑞士天文学家弗里茨·兹威基（Fritz Zwicky, 1898—1974）认真思考并研究了“质量更大的恒星会以什么形式终结”的问题。他们在探索

超新星（Supernova）的爆炸起源时，从英国物理学家詹姆斯·查德威克（James Chadwick, 1891—1974）在两年前发现中子这一事件中得到了启发。超新星是指处于剧烈爆炸状态，在短短数日到数月间，从发光到逐渐暗淡的恒星。虽然这清楚地解释了超新星的产生机制，但在20世纪30年代，人们对其原因却一无所知。巴德和兹威基经过反复摸索研究，最终得出了“如果恒星的中心处于高温高压状态，质子和正电子就会合成中子，并最终形成只由中子构成的恒星”这一结论。虽然当时无法将这一发现准确地描述出来，但他们提出了一种假设，即当恒星质量巨大、体积较小时，会通过某种过程，产生巨大的爆炸喷发出能量，从而形成超新星爆发。但是，学界并不同意“恒星是由中子构成的”这一说法，仍然有很多人像爱丁顿一样，相信白矮星才是所有恒星命运的终点。直到30多年后，英国物理学

超新星爆发是大质量恒星在演化接近末期时经历的一种剧烈爆炸。这种爆炸发出的电磁辐射极其明亮，能够照亮其所在的整个星系并可能持续几周至几个月才会逐渐衰减。

家安东尼·休伊什（Antony Hewish, 1924—2021）和他的学生约瑟琳·贝尔·伯奈尔（Jocelyn Bell Burnell, 1943— ）发现了一种奇怪的宇宙电波。这种电波每隔一两秒发射一次，就像人的脉搏跳动一样。后来，他们终于弄清楚这种奇怪的电波来自一颗旋转速度很快的恒星——脉冲星（Pulsar）。经过计算，它的脉冲强度和频率只有像中子星那样体积小、质量大的高密度星体才能达到。至此，中子星才真正由假说成为事实。

关于恒星内部生成中子的可能性，美国物理学家尤利乌斯·罗伯特·奥本海默（Julius Robert Oppenheimer, 1904—1967）利用广义相对论，将研究的重点放在了恒星的坍缩上。为了攻克这一难题，奥本海默与他的学生乔治·沃尔科夫（George Volkoff, 1914—2000）共同展开了研究。另一位广义相对论大师理查德·托尔曼（Richard Tolman, 1881—1948）也对该问题提出了许多见解。著名的“托尔曼-奥本海默-沃

图6-3　尤利乌斯·罗伯特·奥本海默

尔科夫极限”认为中子星也存在质量上限。但是，中子星的内部结构与白矮星不同，所以需要更细致的研究。由于中子星的内部结构尚属未知领域，当时的他们还无法准确预测。现代科学家经过研究估算，中子星的半径为10～20千米，而质量是太阳质量的2～3倍。奥本海默的研究证明了中子星也存在质量上限，这意味着大质量的恒星最终会演化为黑洞。

奥本海默并没有就此止步，他坚信恒星的坍缩是无法避免的，并尝试通过实验证实这一点。他参考了1916年发表的史瓦西解并开始进行研究，精确地计算物质的坍缩。奥本海默的学生哈特兰·斯奈德（Hartland Snyder, 1913—1962）也参与了此次的研究。他们利用史瓦西解来解爱因斯坦的方程，并研究物质在引力的作用下会经历怎样的过程。研究结果表明，物质在引力作用下持续坍缩，最终坍缩为一点。这一结论说明了恒星从产生走向终结的全过程，并且表明在引力的作用下，恒星将一直坍缩，直至缩小到一点，这一点叫作奇点（Singularity）。关于奇点，我们将在第9章中进行详细介绍。

奥本海默更广为人知的头衔是“原子弹之父”。在第二次世界大战中，美国向日本的广岛和长崎分别投射了一颗原子弹，随后日本宣布投降，二战也得以结束。制造这些原子弹的计划被称为“曼哈顿计划”，该计划的核心人物之一就是奥本海默。战争中，原子弹夺走了无数人的生命，奥本海默也因此感到十分内疚。之后，他尽力阻止美国率先研发氢弹，并运用影响力宣扬限制核武器。

现在，我们已经简单地了解了恒星是如何保持大小并进行演化的。如前文所述，随着物质坍缩,恒星内部会产生电子简并压力,进而产生了抵抗引力的能量,由此形成了白矮星。奥本海默和斯奈德的发现证实了大质量恒星最终会走向灭亡的预言，同时也为史瓦西的发现提供了有力的证据。现在，学界已经开始接受引力坍缩这一概念。下一章，我们将继续了解科学家的伟大发现。

7

看不见的事物

在引力的作用下，物质聚集并相互吸引，发生坍缩，这是不可避免的现象。在奥本海默和斯奈德的研究之后，史瓦西等人的观点才开始得到认可，并受到重视。研究广义相对论的科学家也逐渐开始承认恒星的坍缩现象，并开始研究其本质。由此可见，奥本海默和斯奈德的研究结果改变了物理学界的一贯认知。

“黑洞”一词是由著名的理论物理学家约翰·阿奇博尔德·惠勒提出的，他是因电影《星际穿越》而闻名的物理学家基普·索恩的老师，还曾参与“曼哈顿计划”。除“黑洞”外，惠勒还创造了“虫洞”等名词。这样的命名方式使普通大众能够更容易理解专业领域。连光线都无法摆脱的奇异曲面到底是什么呢？这是一种二维曲面形成的球形，被称为黑洞的**事件视界**（Event Horizon）。我们之所以能看到星星，是因为星星发出的

事件视界，又称为“事件地平线”，指黑洞周围看不见的边界。一旦到达这个无形的黑洞边界，任何事物，哪怕是光，都无法逃逸。

光会进入我们的眼睛。如果连光也无法从黑洞的事件视界穿过，那么我们就什么都看不见了。

“光芒四射”

现在，让我们来详细了解一下黑洞吧！顾名思义，黑洞就是“黑色的洞”。“黑”意味着我们用肉眼无法看见。我们在前文中多次提到过，我们能看到光，因此可以观测事物，而这些光是由物体本身发出，或是由物体反射而来的。

假设我们在黑暗的空间里点燃一支蜡烛。此时，烛光会向四周发散。光波在三维空间里传播得越来越远，就像一个不断膨胀的气球。我们是无法从这个气球内出去的，因为如果想要出去，我们的速度就必须超过光速。现在我们假设光在二维平面内传播。如图7-1所示，光波就会像石子落到湖面产生的水波一样，以同心圆的形式向外扩散，且随着时间的推移，扩散的范围越来越大。如果我们在二维平面的空间轴上垂直建立一个时间轴，如图7–2所示，由此可以发现，随着时间的推移，同心圆越变越大，形成了一个圆锥体。

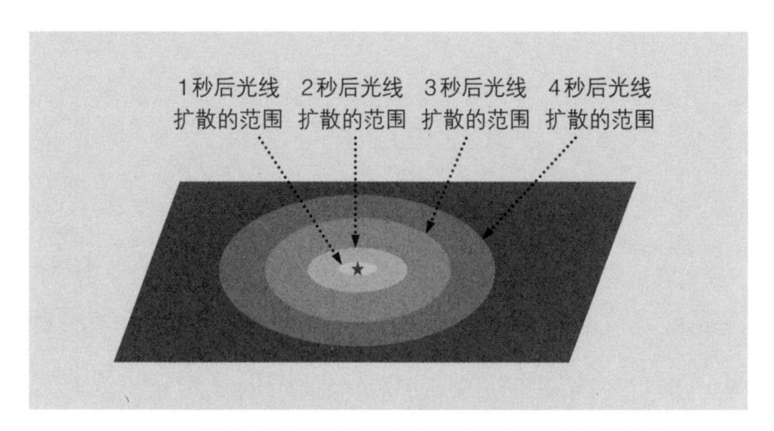

图7–1 随着时间的推移，光以同心圆的形式向外扩散

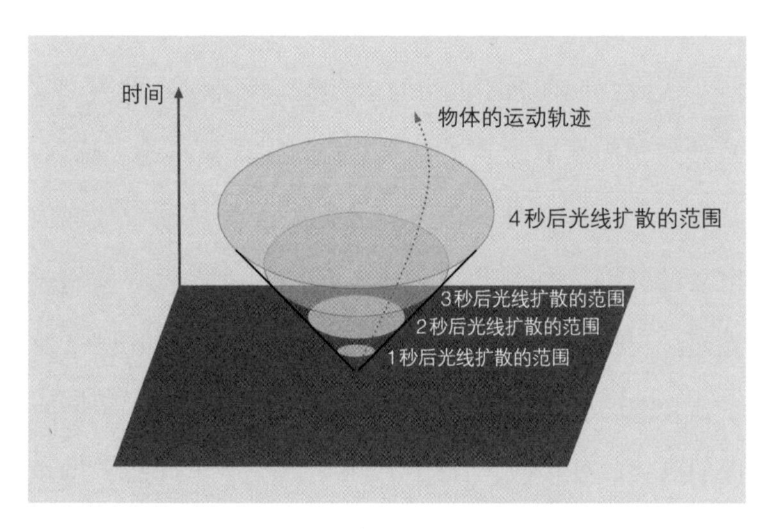

图7–2 光线在垂直方向上以圆锥体路径向外传播

也就是说，我们一点燃蜡烛，光就在沿圆锥体路径传播，这就是光锥（Light Cone）。随着时间的流逝，圆锥体积会逐渐增大。在相对论中，光锥对于理解宇宙的结构至关重要。在空间维度里，我们可以向任何方向移动。而在时间维度里，我们不能倒退，只能从过去走向未来，因为任何物体的速度都不能超过光速。因此，所有物体的轨迹都可以在光锥里被画出来。

在闵可夫斯基的时空中，每一个点都存在一个光锥，如图7–3所示。在没有引力的宇宙空旷之处，时空是平直的，所有光锥都朝着一个方向。

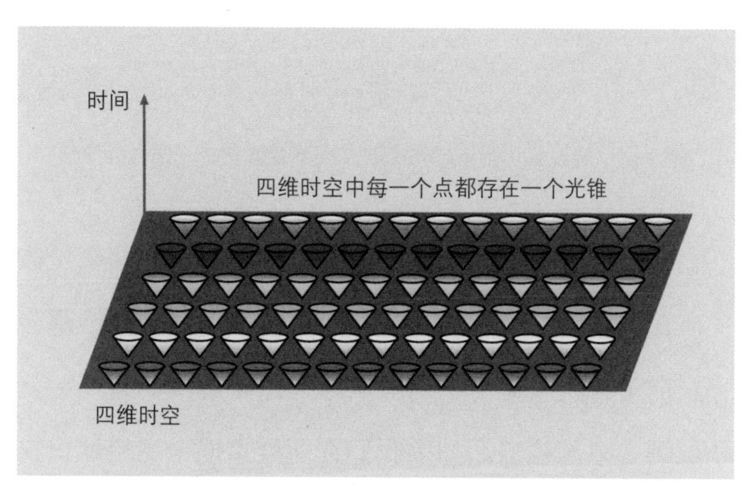

图7–3　用时间、空间轴表示闵可夫斯基时空中的光锥

但是，如果在这个时空中存在一个大质量物体，比如太阳，光锥就不再排成一行。它们被引力吸引，朝向就会发生变化。如图7-4所示，当光接近太阳时，太阳的引力会导致时空弯曲，光锥的倾斜度也会随之改变。与此相反，当光远离星体后，引力的影响就会减小，光线的路径就像图7-4右边的光锥一样。

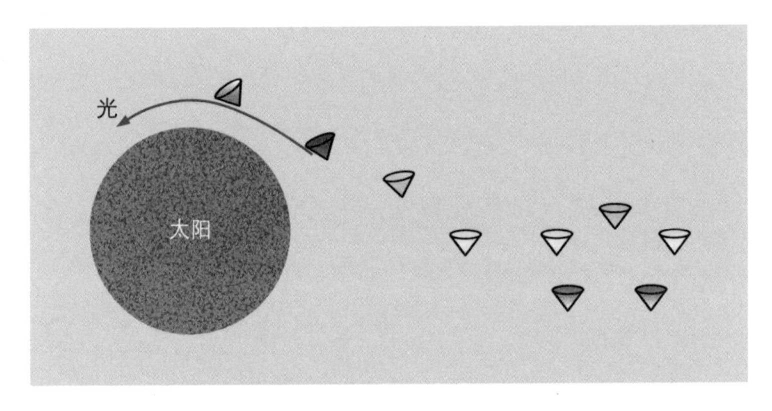

图7-4　经过星体附近的时空时，光锥会倾斜，光线也会弯曲

质量越大的物体，对时空的弯曲也越大。如果星体的质量非常大，大到在一定的范围内，所有的光锥都会完全向下，这就是所谓的黑洞。而这个范围的边界，就是黑洞的事件视界。如果我们在此处点燃一支蜡烛，它发出的所有光线，都注定要落向中心，正如图7-5所

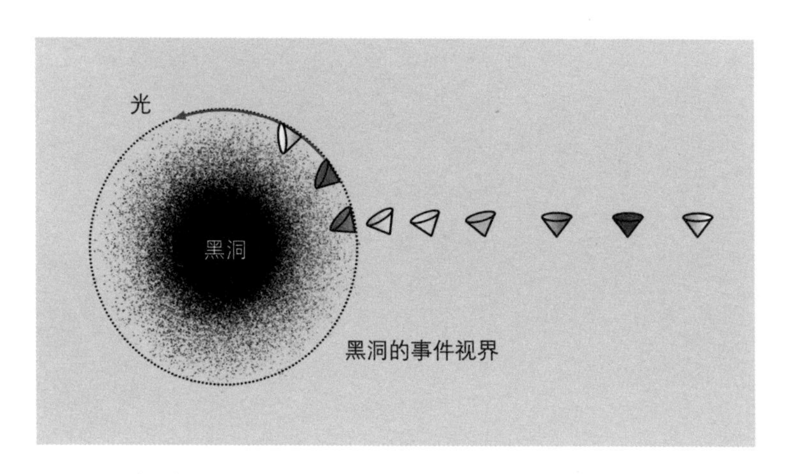

图7-5　经过黑洞事件视界时，光锥会向内发生倾斜，因此光线无法离开其事件视界

示，在黑洞中，光锥迫使任何事物的路径都向下，因此任何事物都无法逃离黑洞，因为“时间”本身就指向了黑洞的中心。

旋转黑洞

光线之所以被困在事件视界内，是因为黑洞的引力比其他星体更强。那么，现在我们就能理解“黑洞”名称的由来了吧？史瓦西计算出的黑洞，即史瓦西黑洞，

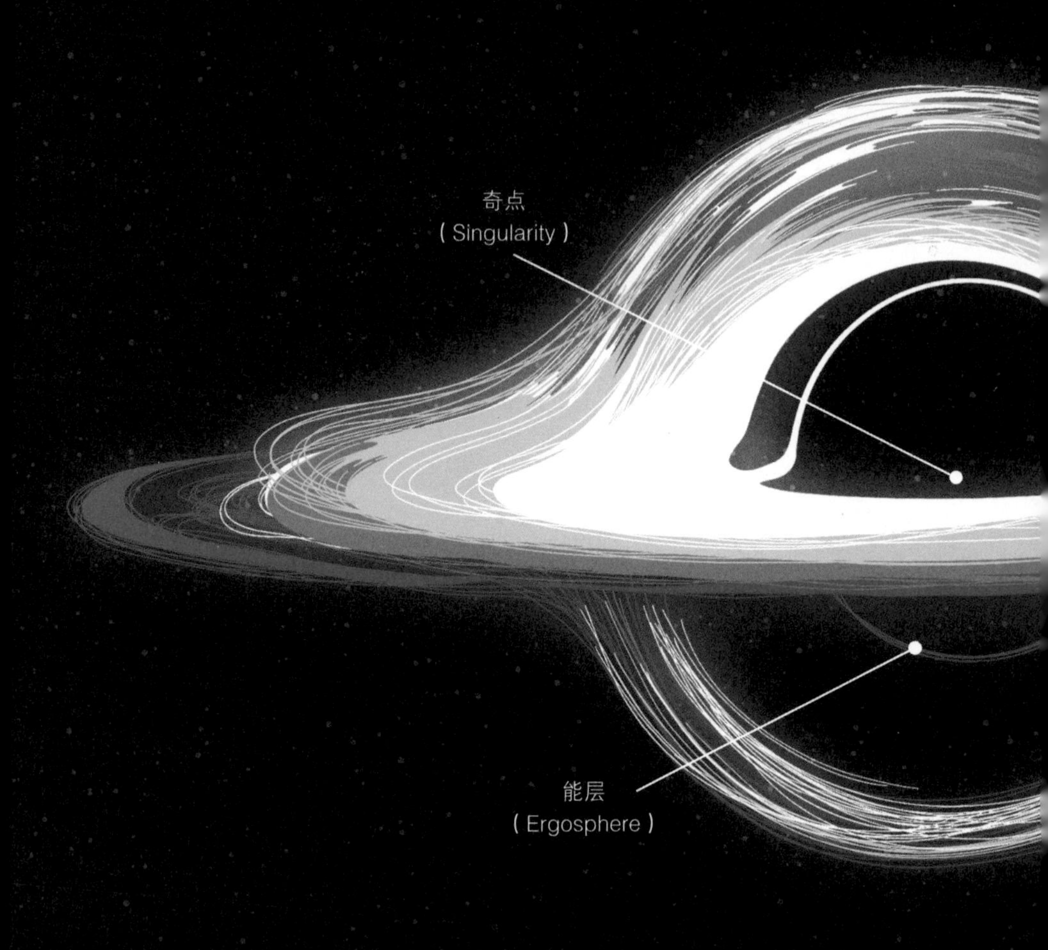

是静态的、不随时间变化的，而且是球对称的、不带电的黑洞。但是在宇宙中，不旋转的静态物体十分少见。新西兰物理学家罗伊·帕特里克·克尔（Roy Patrick Kerr, 1934— ）于1963年在史瓦西解的基础上，解出了旋转黑洞的方程，得到了能描述具有质量和自旋性质但

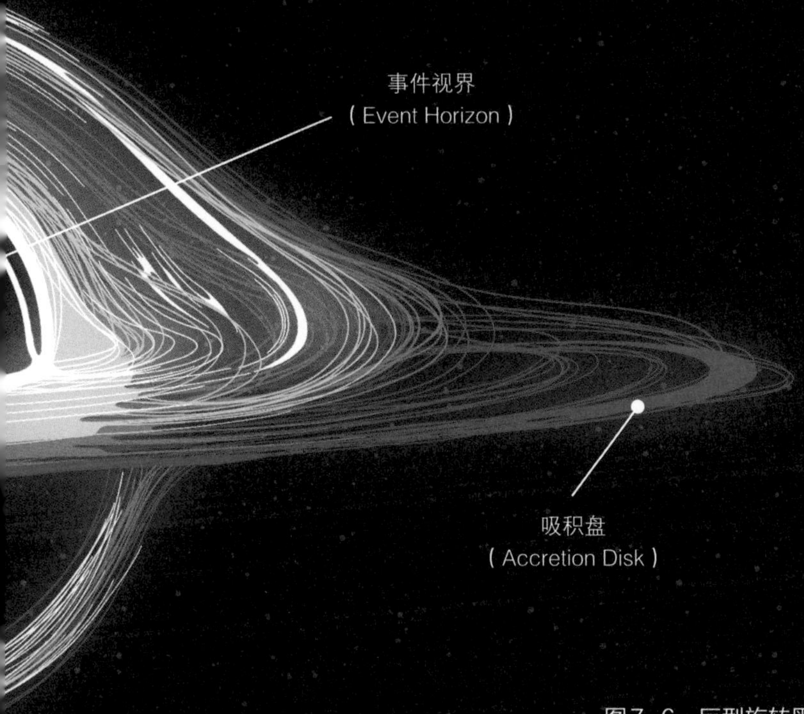

事件视界
（Event Horizon）

吸积盘
（Accretion Disk）

图7-6　巨型旋转黑洞的结构

不带电的黑洞，即克尔黑洞。

克尔黑洞具有与史瓦西黑洞不同的事件视界。由于旋转，它的事件视界不是正球体，而是两极略扁的椭球。转速越大，形状就越扁。克尔黑洞分为内视界（Inner Horizon）和外视界（Outer Horizon）。除去两视界，克尔黑洞的最外围还有一个界限被称为静止界限（Stationary Limit）。静止界限产生于克尔黑洞的参考系拖拽效应（Frame Dragging），即克尔黑洞旋转时拖动着周围的时空一起转动。我们可以想象一下用锅铲搅拌融化的巧克力时的场景。搅拌时，除了锅铲附近的巧克力外，其周围黏稠的巧克力液体也会随之移动，这与上述效应的效果相似。

静止界限和外视界之间的夹层叫能层（Ergosphere）。在这里，参考系拖拽效应使得空间以超光速转动。这就意味着所有的物质无论如何都不能保持相对静止，甚至连光都必须沿着黑洞的转动方向运动。能层的形状跟事件视界差不多，但在两极处凹陷下去，与事件视界相交，就像一个扁扁的南瓜。

旋转黑洞还有一个有趣的特性。1969年，英国数学家、理论物理学家罗杰·彭罗斯（Roger Penrose, 1931— ）提出，当物质落入黑洞的能层范围内时，会被撕裂成两部分，其中一部分落入黑洞的事件视界内，另一部分会获得黑洞的能量，逃离黑洞的引力。看到这里，我们或许会有疑问，黑洞的引力足以吸收所有能量，怎么还能从中获取能量？这虽然很难理解，但实际上在旋转黑洞里是有可能发生的。这个就被称为彭罗斯过程（Penrose Process）。彭罗斯过程指出，我们可以从旋转黑洞中提取能量，其最大极限是黑洞质量的29%。在电影《星际穿越》中，主人公库珀的飞船被吸入黑洞的同时，布兰德博士的飞船被推出了黑洞，这就是从黑洞中获得能量然后逃离的过程。如果大家好奇的话，可

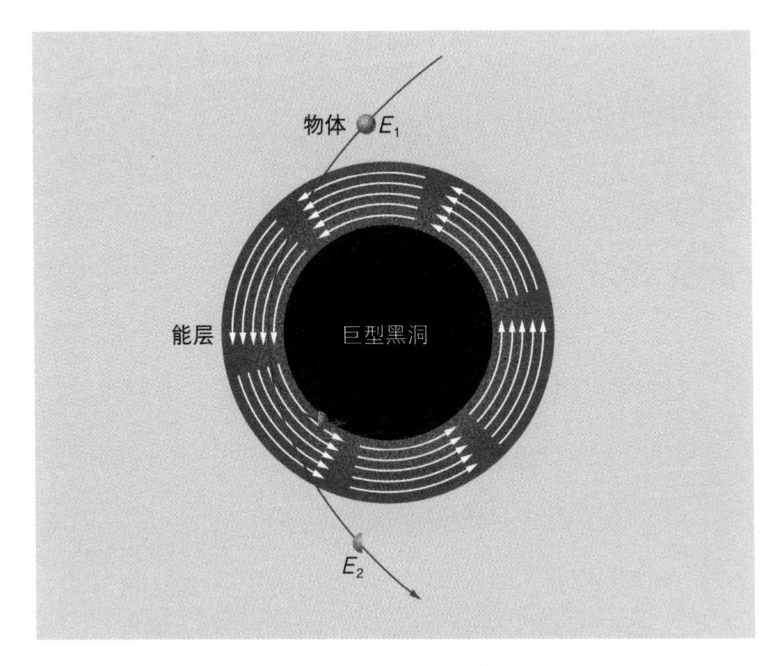

图7-7　能层中的物质可以从黑洞中吸收能量，从而逃离黑洞，非常神奇吧！

以看一下这部电影，然后尝试用上面的科学理论来解释这个有趣的场面。

还有一种带有**电荷**的黑洞，这种黑洞被称为“带电黑洞”（Charged Black Hole）或“R-N黑洞”。与史瓦西黑洞和克尔黑洞不同，这种黑洞不是爱因斯坦场方程的解，而是爱因斯坦-麦克斯韦方程（Einstein-Maxwell Equation）的解。爱因斯坦-麦克斯韦方程是描述电磁学的麦克斯韦方程加上爱因斯坦相对论情况的方程组。

黑洞与霍金辐射

到目前为止，我们一直在经典的立场上讨论黑洞的性质。所谓的“经典的立场”，就是指前文所说的事件视界。一个东西一旦进入了黑洞的事件视界，那它就永

电荷（Electric Charge）是表现电性质的物理量，分为正电荷和负电荷。

远消失了，任何情况下都逃不出黑洞。但是斯蒂芬·威廉·霍金（Stephen William Hawking, 1942—2018）为了解释黑洞现象，引入了量子力学。在1973年前后，关注黑洞附近粒子运动的霍金提出了一个惊人的理论——从量子力学角度来看，黑洞不仅能吸收物质，还能释放出某种物质。

图7-8　斯蒂芬·威廉·霍金

既然任何东西都逃不出黑洞，那它怎么会发出辐射呢？霍金的理论基于量子力学。量子力学让我们了解到，真空其实不完全是空的，粒子-反粒子不断在真空中随机产生，从真空中短暂地获取能量，然后又成对湮灭。如果有对粒子刚好在黑洞的事件视界处出现，那么就有可能一个粒子在事件视界范围内，不可避免地掉入了黑洞，另一个粒子则刚好位于事件视界范围外，得以“幸免于难”，逃离黑洞。这些逃出黑洞的粒子会被释放到外部，这被称为霍金辐射（Hawking Radiation）。这是探索黑洞性质的革命性成果，因为逃离黑洞的粒子

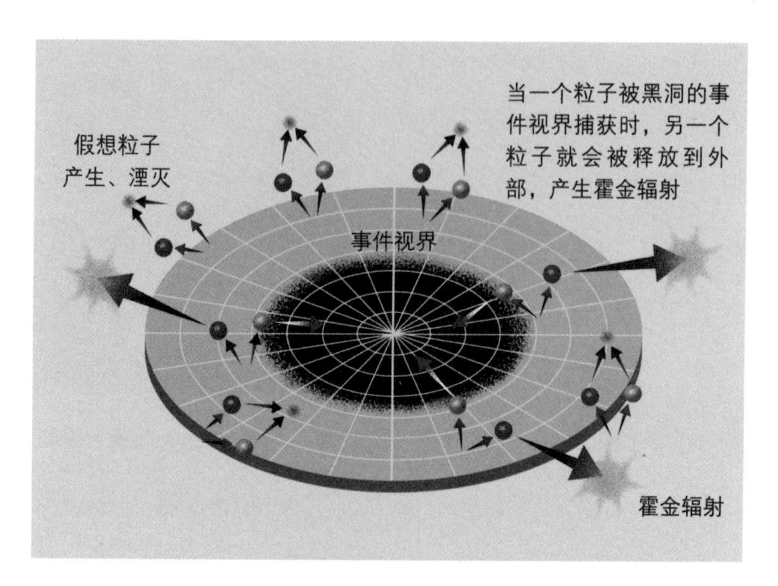

图7-9　粒子在黑洞周围的产生、湮灭，并产生霍金辐射

会携带能量，这一能量就来源于黑洞所损失的质量。因此，霍金预言，如果存在一个质量非常小的迷你黑洞，那么它甚至会蒸发消失。但是，到目前为止，霍金辐射仍停留在理论阶段，尚未被证实。

观测黑洞

到目前为止，我们所讨论的黑洞性质都是基于理

论预测的。从相关理论提出以来，黑洞的存在问题一直存在争议。但是，通过目前的观测，我们可以断定黑洞是真实存在的。科学家们相信，包括银河系在内的所有星系中心都有一个或数个超大质量黑洞（Supermassive Black Hole），其质量约为太阳质量的十万倍到数百亿倍。而前面提到的，恒星演化过程中大质量恒星坍缩形成的黑洞被称为恒星级黑洞（Stellar Mass Black Hole），它大约是太阳质量的数十倍到百倍。有科学家推测，这两种黑洞之间存在一种比恒星级黑洞质量大、比超大质量黑洞质量小的中等质量黑洞（Intermediate-Mass Black Hole）。但天文学家一直没找到中等质量黑洞存在的决定性证据。

前文多次提到过，黑洞的引力十分强大，连光线都无法逃脱，并且黑洞本身并不能发光。但是，黑洞如果与其他恒星相遇，情况就会发生变化。受黑洞强大引力的影响，恒星周围的气体会被吸进黑洞的中心，并在其周围形成吸积盘，相邻区域的原子由于引力的剧烈变化，会发生激烈碰撞，产生X射线辐射。由此，苏联理论物理学家雅可夫·泽尔多维奇（Yakov Zeldovich,

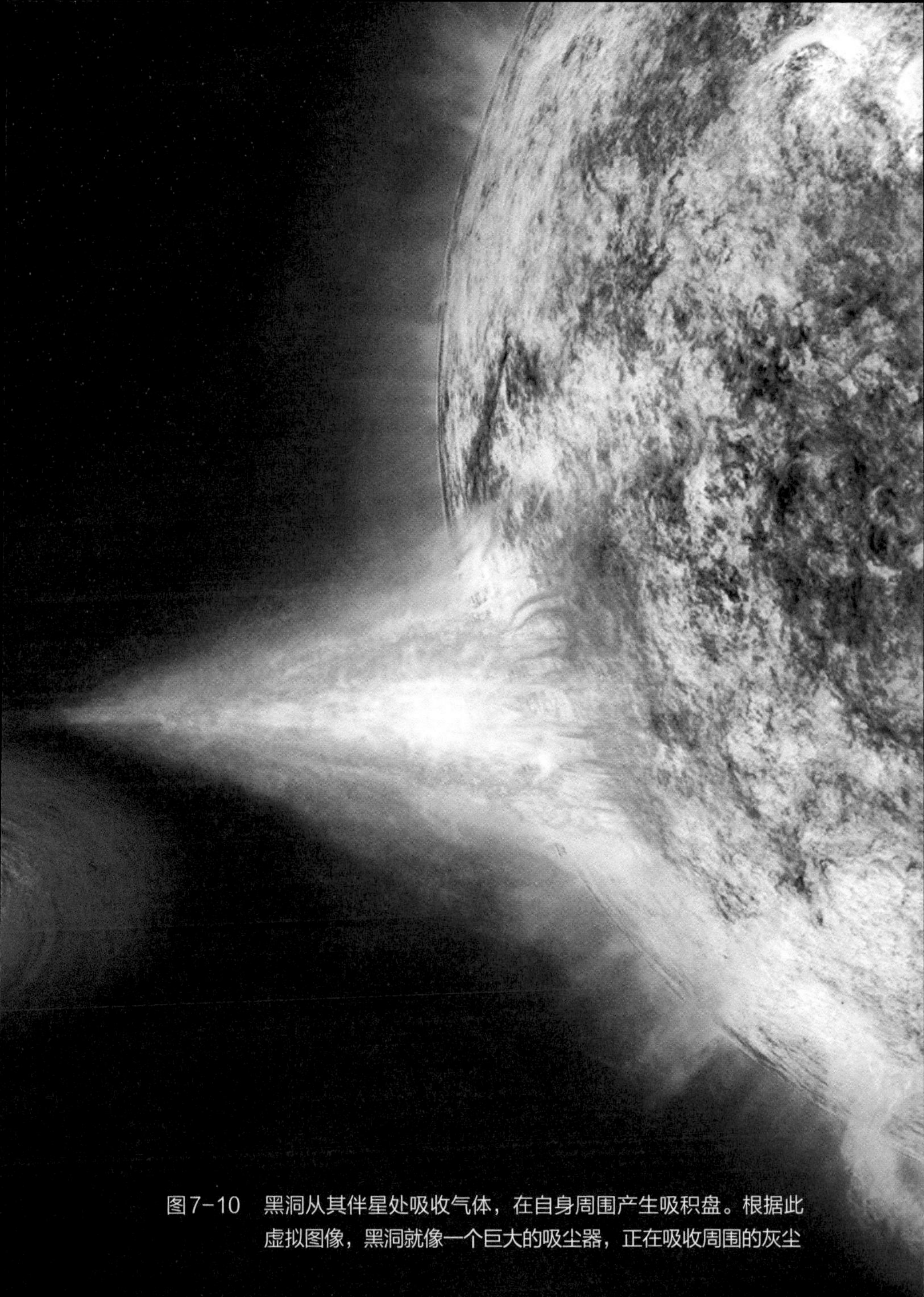

图7-10　黑洞从其伴星处吸收气体，在自身周围产生吸积盘。根据此虚拟图像，黑洞就像一个巨大的吸尘器，正在吸收周围的灰尘

1914—1987）和他的学生伊戈尔·诺维科夫（Igor Novikov, 1935— ）提议利用X射线来观测恒星和黑洞。

在第二次世界大战后，科学家们研究出了高性能观测技术，这项技术后来被用于探测来自宇宙的X射线源。1971年，最早的X射线观测卫星——自由号观测站观测到了一个X射线源，科学家将其命名为“天鹅座X-1”。围绕该射线源到底是不是黑洞这个问题，学界进行了长达数十年的争论。1975年，霍金和基普·索恩为此打了一个赌：索恩认为天鹅座X-1是黑洞，而霍金认为不是。到了20世纪90年代，天鹅座X-1是黑洞的证据越来越确凿。天文学家通过各种观测，证实了天鹅座X-1是一个伴有黑洞的双星系统。此次争论以霍金的失败告终。按照打赌时的约定，霍金给索恩买了一年的杂志。

事实上，20世纪70年代以来，科学家通过对X射线进行观测，发现了数十个疑似黑洞星体的双星系统。看来，以前只在理论上存在的黑洞，正通过X射线发出“我在这里”的信号呢。但是，科学家并不满足于此，而是致力于找到证明黑洞存在的直接证据。直到2016

年，科学家发现了引力波，这个长久以来的梦想才得以实现。下一章，我们将来讲一讲引力波，看看它是如何帮助我们继续探索宇宙的。

8
引力波

我们探测到了引力波!

2016年2月11日，在美国华盛顿特区国家媒体中心，科学家即将宣布关于激光干涉引力波天文台（Laser Interferometer Gravitational-Wave Observatory，简称LIGO）引力波探测项目的重大进展。据悉，此次发布会引起了社会的广泛关注，舆论甚嚣尘上，人们纷纷猜测探测成果，甚至还有人认为这只是空穴来风。发布会上，负责人戴维·赖茨（David Reitze）教授以简短的两句话宣布了LIGO项目的重大成果，他说：

“我们探测到了引力波！我们做到了！”

此话一出，全体与会人员爆发出热烈掌声，紧接着LIGO科学合作组织项目发言人加布里埃拉·冈萨雷斯（Gabriela Gonzalez）教授对引力波的发现过程及意义进行了详细的说明。他强调，探测到引力波，是人类历史上的一大进步，证实了100年前爱因斯坦对于引力波的预言。

2016年是划时代的一年，在这一年里，广义相对论的最后一条预言得到证实，天文学和物理学研究也进入了全新的阶段。接下来，让我们看看探测到引力波这一成果究竟有多么伟大吧！

最初，人类只能借助光来探索宇宙奥秘，我们也只能用肉眼观察星星；后来，伽利略发明了望远镜，虽然观测工具有了进步，但我们仍需依赖光和肉眼；此后，我们使用不同波长的电波、紫外线、红外线、X射线、伽马射线进行观测，但这些都属于光，也就是说我们仍然离不开光。由此可见，我们在天文领域确实存在很大的局限性。虽然，我们最近探测到了中微子，但是，宇宙中与中微子相关的现象是有限的，所以利用中微子进行观测并不具有普适性。现在，引力波的发现意味着我们可以借助其进行宇宙观测，这是一种全新的观测方法。

我们若是用引力波去探索光无法探测的领域，或者是将引力波与光结合起来，就可以发现更多的宇宙奥秘，比如像黑洞这种可以吞噬光线的地方，或者是在宇宙中还没有形成光的地方，都需要借助引力波来探索。接下来，让我们先看看引力波究竟是如何被发现的吧！

图8–1　2016年2月11日，戴维·赖茨教授宣布探测到引力波。就像X射线具有隔着皮肉透视骨骼的神奇功能一样，引力波的出现同样会给我们带来意想不到的收获。过去，我们只能依靠光进行观测；现在，我们可以借助引力波探索更多的奥秘

引力波的发现过程

1916年，在广义相对论问世一年后，爱因斯坦对“引力如何传播”产生了疑问。爱因斯坦设想了将一块石头扔进平坦时空的情形。他认为，将一个质量很小的物体放进空无一物的时空，时空就会产生波动。他用引力场方程证实了这一设想，并得出结论：引力的变化，

即时空的波动，是以波的形式、以光速向外传播的。但是，由于这种波动过于细微，大部分人都对此持怀疑态度。

让我们一起看看时空的波动是如何测量的。一般情况下，我们会通过波动的振幅来测量波动的强度。假设我们将一个网球扔到床垫上，床垫会发生振动吗？毫无疑问是肯定的，但振动的幅度可能仅仅在几毫米之间，我们几乎看不出来。而据物理学家计算，如果两个质量约为太阳两倍的中子星在5 500万光年以外发生碰撞，会产生强度约为10^{-21}的引力波，这个强度太小了，相当于0.000 000 000 000 000 000 001，所以我们根本感受不到。举例来说，质子的半径约为10^{-15}米，地球的半径约为6×10^{6}米。我们可以将上述引力波的强度想象成是地球半径大小物体的振动幅度和质子的半径相当，但实际上，它们振动的幅度远不如质子的半径，甚至要比质子的半径小一百万倍。虽然LIGO最先检测到了传回地球的引力波，但实际上没有人能够切身感受引力波。如果有两个黑洞，一个黑洞的质量是太阳的30倍，另一个是36倍，它们在距离地球13亿光年的地方发生碰撞，那么当引力波传播到地球时，我们根本无法直接感受到它的存在。顺便说一句，宇宙中巨大的恒星相互碰撞，不仅会产生引力波，同时也会释放出巨大的能量，这种能量超乎我们的想象。但是，由于这种碰撞发生在离地球十分遥远的地方，等能量到达地球时，我们也已经感受不到能量的威力了。

正如前文所说，我们将一个物体放入时空组成的“网”，物体的晃动就会引起“网”的波动，这种波动会沿着“网”向四面八方扩散，但是，如果我们离这个物体很远，那我们就会觉得这个“网”的波动很小。与此类似，当有质量的物体在时空中加速运动时，引力的变化信号会以波动的形式向外传播，这种波动就是引力波。

图8-2　约瑟夫·韦伯

20世纪50年代，美国马里兰大学的教授约瑟夫·韦伯（Joseph Weber，1919—2000）首次尝试探测引力波，他是世界上首位进行引力波探测实验的物理学家。在1959—1969年的10年间，他在实验室里先后建造了四台韦伯棒探测器（Weber Bar Detector），俗称“韦伯棒”，用来探测引力波，并于1969年宣布探测到了引力波。消息一出，全球数十个研究团队便将“韦伯棒”应用于实验，验证其探测结果。然而没过多久，韦伯的观测结果被证实为是“不符合事实”的，引力波探测实验也就演变成了一场闹剧。

然而，韦伯的这一伟大尝试为引力波探测工程奠定了基础。成功探测引力波成了全世界物理学家的目标。在他之后，科学家们对“韦伯棒”进行了升级，并在全世界设置了五台高级条形引力波探测器，其性能比“韦伯棒”提高了一千倍左右。然而，由于探测器的灵敏度还远达不到观测遥远宇宙的要求，因此，尽管进行了多年的实验，科学家们还是没有探测到引力波。

此后，随着研究的不断深入，多位著名的教授提议将激光干涉仪应用到引力波探测工作中。他们向美国科学基金会提议建造新的大型探测仪器，并将仪器命名为“LIGO”。建造工程于2002年完工，此后，经过近13年

图8-3 LIGO共有两座干涉仪，每座干涉仪都带有两条4千米长的臂，两臂呈L形

的不懈努力，科学家们终于探测到了引力波。

接下来我们一起了解一下激光干涉仪是如何探测引力波的。激光干涉仪利用波的干涉现象（Interference）进行探测工作。“干涉”是指两列或两列以上的波在空间中相遇时发生的现象，分为相长干涉（Constructive Interference）和相消干涉（Destructive Interference）两种。如图8-4所示，如果两波的波峰或波谷同时在同一地点相遇，干涉波会产生最大的振幅，这是相长干涉；相反，当一波的波峰与另一波的波谷同时在同一地点相

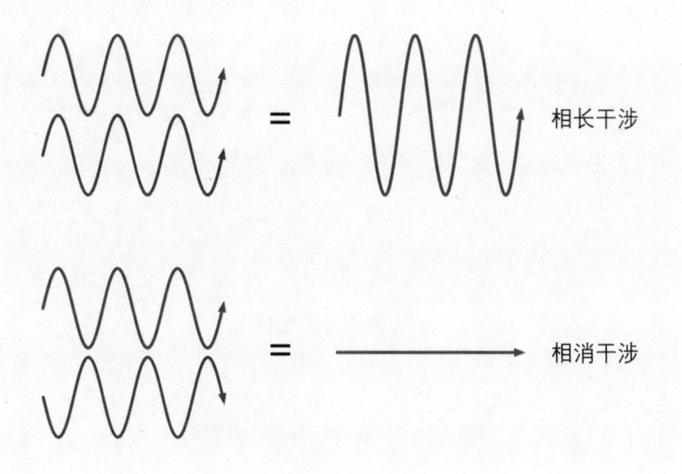

图8-4　波与风浪一样，当风与海浪的方向一致时，海浪会增强；当风与波浪的方向相反时，海浪会减弱。同样，如果两波的波动一致时，波会变强，形成相长干涉；相反，则会形成相消干涉

遇，干涉波会产生最小的振幅，这就是相消干涉。利用干涉现象，科学家们设计出了引力波探测仪器，即激光干涉仪。

激光干涉仪通过捕捉引力波引起的时空偏振（Polarization）来探测引力波。偏振是指波的振动方向不同于其传播方向，就像蛇向前爬行时，身体却左右摆动。引力波有两个独立的偏振态，分别是十字型偏振（Plus Polarization）和交叉型偏振（Cross Polarization）。

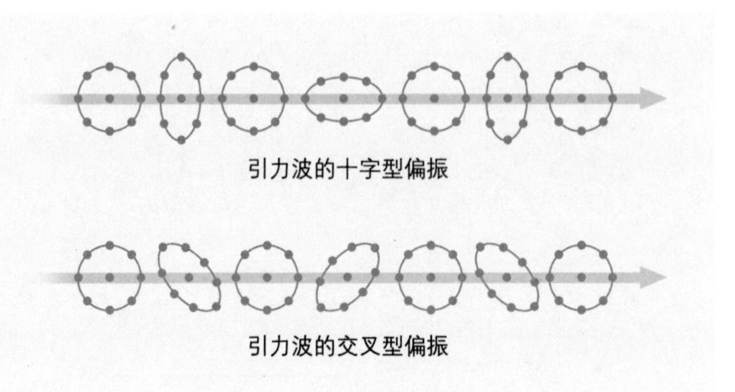

图8-5　引力波的两种偏振态

如图8-5所示，十字型偏振是指引力波在其传播方向的垂直平面上，朝上下左右反复收缩或者膨胀振动；而交叉型偏振是引力波与十字型偏振呈45°角，以同样的方式振动。基于这两种偏振态，科学家们利用激光干涉仪来探测引力波。

激光干涉仪的工作原理如图8-6所示，激光干涉仪可以发射激光，并利用分束器（Beam Splitter）将激光分离成两束光线，使激光分别向互相垂直的两个方向传播。当光线到达两臂末端的反射镜后，光线会沿原路反射回来并发生相消干涉。如果引力波经过干涉仪，干涉仪周围的空间会发生振动，导致空间在一个方向上拉伸，另一个方向上压缩，因而两臂上的光程也会产生细微差别，原本的相消干涉就会被打乱，变成在相长干涉和相消干涉之间反复变换，光线就会变得忽明忽暗。我们通过光线的闪烁，就可以知道引力波已经通过。激光干涉仪的工作原理比我们想象中的简单很多吧？

引力波探测器是探测波动最灵敏的装置，它能够探测到十分细微的引力波信号，灵敏度约为质子半径的

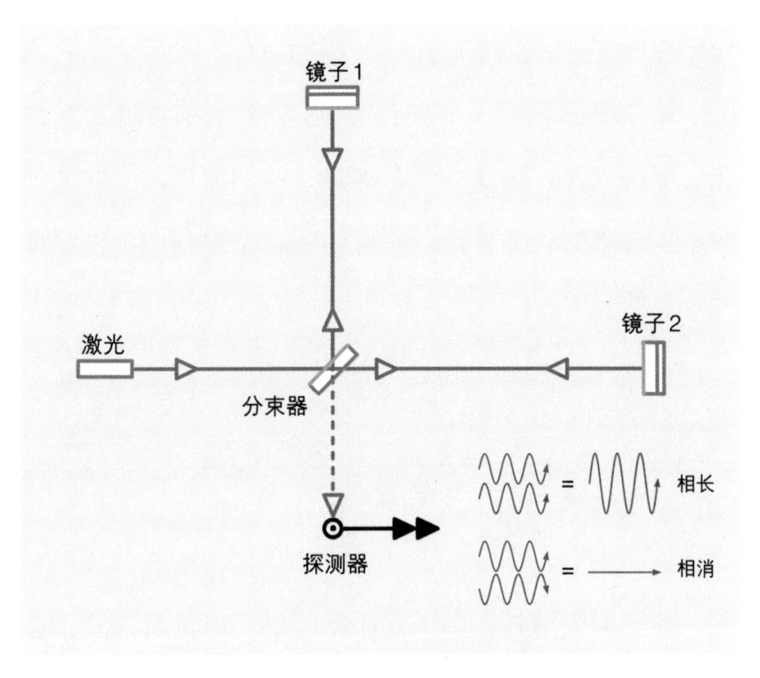

图8-6　激光干涉仪的构造与探测原理

百万分之一。LIGO和欧洲的室女座（Virgo）引力波天文台在2017年已经完成了第二轮引力波检测，它们成功检测出了11个引力波信号，其中10个产生于两个黑洞的碰撞，1个产生于两个中子星的碰撞。

我们探测到了引力波，这不仅证实了爱因斯坦对于引力波的预言，还帮助我们探索到了更多的宇宙奥秘。比如，我们证实了黑洞的存在，结束了学界关于“黑洞是否存在”的争议；并且，我们发现了质量是地球质量30倍以上的巨型黑洞，这是人类首次发现的双黑洞系统，即“黑洞双星”，此前从未有科学家预言过它的存在；不仅如此，更令人惊奇的是，我们捕捉到了两个黑洞相互碰撞的动态过程，并得知在这个过程中产生了更大质量的天体。

引力波的种类

除黑洞碰撞外，中子星碰撞时也会产生引力波，这个过程还会伴有**电磁波**出现。但与黑洞不同的是，中子

星是能够发出光线的天体。科学家们曾目睹中子星碰撞的过程，并因此发现了惊人的事实。2017年8月17日，LIGO和室女座引力波天文台探测到了两个中子星碰撞产生的引力波，此次碰撞发生在距离地球1.3亿光年之外的编号为NGC4993的星系中。在探测到引力波1.7秒后，费米伽马射线空间望远镜和国际伽马射线天体物理实验室在同一位置捕捉到了短伽马射线暴，研究人员通过这两次的观测结果确定了事件发生的确切位置，并将信息传达给世界各地的光学天文台。约11小时后，各地天文台观测到该星系周围的恒星突然变得十分明亮，这种恒星就是千新星（Kilonova），它因亮度是经典新星的一千倍而得名。

神奇的是，我们在发现引力波后，又相继发现了不同波长的电磁波。除了可见光外，科学家们先后观测到了红外线、紫外线；9天后，还观测到了X射线；大约16天后，又观测到了无线电波。至此，科学家们成功观

电磁波主要有可见光、无线电波、红外线、紫外线、X射线、伽马射线等，它们的波长不同。

图8-7　黑洞相撞及其产生的引力波虚拟图像

图8-8　中子星碰撞的虚拟图像。与黑洞碰撞不同，中子星碰撞会产生引力波和电磁波

测到了所有波段的电磁波。这就像我们去吃自助餐，桌子上摆满了各种各样的食物一样让人幸福。同样，引力波也为我们带来了各种各样的电磁波，引导我们继续探

索宇宙的奥秘。

这种借助引力波来观测伴随其产生的电磁波的研究方法被称为多信使天文学（Multi-Messenger Astronomy）。

中子星的碰撞也揭示了宇宙中金、铂、钚等重元素的由来。事实上，天文学家推测，中子星发生碰撞后，会在宇宙中产生相当于地球质量400倍的金子。大家肯定会觉得找到它们就能发大财吧？但这是不可能的。我们在前文中提到过，中子星发生碰撞的地方距离地球约1.3亿光年，这就意味着我们以光速行进，需要一亿三千万年才能到达那里。既然如此，我们与其寄希望于不可能的事情，不如研究一下宇宙中的金、铂等元素是如何形成的，又是如何出现在地球上的，这对我们来说更有价值。

通过对引力波的观测，我们发现了新的科学事实，这些事实是过去的光学观测和电波观测无法证实的。现在，“引力波天文学”的时代已经到来。就像我们从无声电影时代发展到有声电影时代一样，过去我们只能借助电磁波信号观测天文现象，但现在，我们又多了一个新的工具——引力波，我们可以借助它，探索过去无法

GW170817

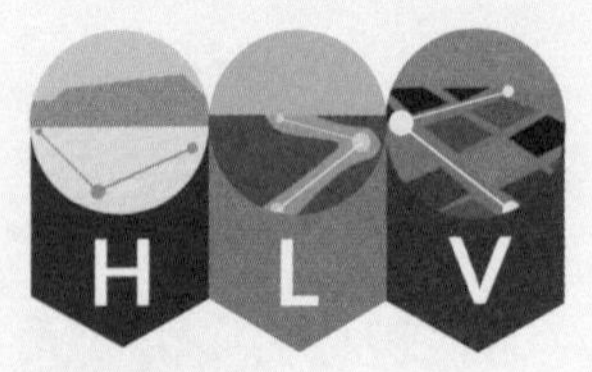

中子双星并合

LIGO和室女座引力波天文台探测到引力波，同时，70多个天文台探测到伴随其产生的电磁波。

距离
1.3亿光年

观测日期
2017年8月17日

类型
中子双星并合

世界标准时间12:41:04
探测到中子星并合产生的引力波信号

引力波信号
由中子星碰撞产生，中子星的体积很小，但质量至少是太阳质量的两倍。

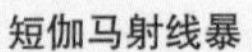

短伽马射线暴
中子星碰撞后，伽马射线强度在短时间内突然增强。

1.7秒后
观测到短伽马射线暴。

10小时52分钟后
在NGC4933星系中观测到一个新的光学暂现源。

千新星
中子星碰撞后，伽马射线强度在短时间内突然增强。

11小时36分钟后
观测到红外线。

15小时后
观测到紫外线。

9天后
观测到X射线。

电磁残骸
随着与双星系统的距离逐渐变远，残骸会在数年间持续对星际物质产生冲击波。

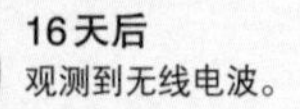

16天后
观测到无线电波。

我们可以利用GW170817事件产生的引力波来计算宇宙膨胀率。

我们观测中子双星并合产生的引力波，有利于研究中子双星系统的神秘构造。

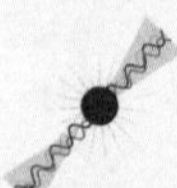

我们借助多信使，证实了中子星碰撞会引发短伽马射线暴。

我们发现千新星，进而发现了宇宙中重元素产生于中子星并合的过程。

我们几乎同时探测到了引力波和伽马射线，有力地证实了“引力波以光速向外传播”。

图8-9　中子星碰撞产生引力波事件（GW170817）的观测信息图

触及的领域。

LIGO和室女座引力波天文台于2019年4月1日开始第三次观测，连续发现了数十个引力波源。当我们读这本书时，这些探测器仍在持续运转。在首次探测到引力波后，探测工作已经成为一种常态，大量的数据正在向我们揭示宇宙起源和进化的奥秘。

9
广义相对论的证据

目前来看，广义相对论弥补了万有引力定律的不足，并且有很多证据能够证实广义相对论的正确性。首先，爱因斯坦的广义相对论完美地解释了水星的进动，这是爱因斯坦证实该理论的第一步。其次，爱因斯坦在广义相对论中提出“光线会偏折”的预测，但是，由于当时人们普遍认为光沿直线传播，所以爱因斯坦的这一设想并未得到认可，后来爱丁顿通过观测，证明了广义相对论是对宇宙的准确描述。另外，爱因斯坦的广义相对论还预言了引力波的存在，现在已经被实际观测所证实。然而，最近又出现了一些新的证据，这些证据与广义相对论相悖，使广义相对论与理论物理学面临新的挑战。接下来，让我们看看哪些证据巩固了广义相对论的地位，又有哪些证据动摇了广义相对论的根基。我们只有深刻理解这两方面的证据，才能提出新的理论。

爱因斯坦的预言

1964年，爱因斯坦离世9年后，美国天文学家欧

文·夏皮罗（Irwin Shapiro, 1929— ）提出了一个设想，即用射电望远镜向其他行星发射无线电波并测量电波往返的时间，以验证广义相对论的正确性。他认为，从地球发射的无线电波经过太阳时，受到太阳引力的影响，时空会发生弯曲，所以无线电波的移动距离就会增加。我们以上学为例，如果常走的路限制通行，我们只能绕路走，因此，我们走到学校会花更多时间，或许跑步能够避免我们迟到，但总之，如果距离比平时远，我们需

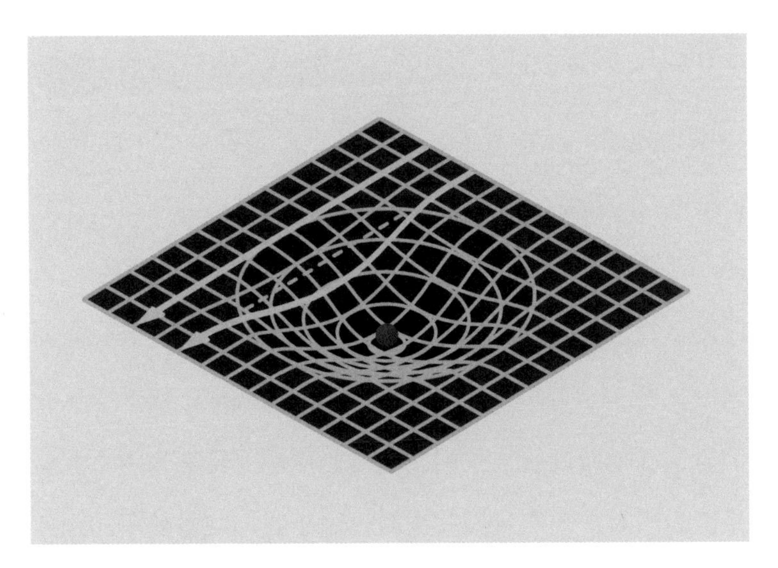

图9-1　夏皮罗的“引力时间延迟效应”。如图所示，受引力影响，物体周围的时空会发生弯曲，因此波的移动距离就会增加，往返所需的时间也会增加

要的时间也会更多。同样，夏皮罗预测，无线电波经过太阳后，返回地球所需的时间比预期的时间更长，并建议科学家对其进行测量。夏皮罗提出这一设想后不到两年，美国海斯塔克天文台就根据其建议，向金星发射了无线电波，无线电波经过太阳到达金星后，又返回地球，研究人员计算了其往返时间，发现时间比预期延迟了约五千分之一秒，这再次证明了广义相对论中“大质量天体周围的时空会发生弯曲”的预测。这个证据进一步巩固了广义相对论的地位。

引力红移（Gravitational Red-Shift）是光在引力的作用下出现的另一种现象，是光发生多普勒效应（Doppler Effect）的结果。多普勒效应是指物体发出的波长由于波源和观测者的相对运动而产生变化。事实上，多普勒效应随处可见。我们以救护车为例，当一辆救护车迎面而来时，我们会觉得警笛声的声调越来越高；救护车从我们身边呼啸而过后，我们又会觉得声调变得越来越低。这是因为当救护车向我们驶来时，由于我们与救护车的距离越来越近，声波会被压缩，波长会变短，声音的振动频率会变高，我们就会觉得声调升高；当救护车驶离我们

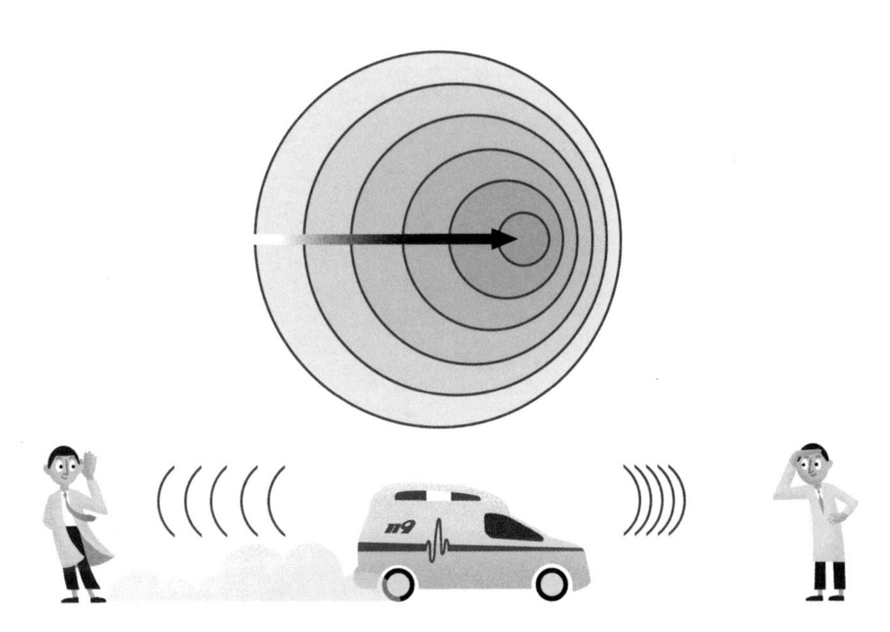

图9-2　多普勒效应。同样的声音，救护车前面的人和后面的人会觉得声调不同

时，距离变远，声波的波长会变长，声调也就降低了。

除声波外，光波也会出现多普勒效应。从光谱上看，蓝色光的波长短，红色光的波长长。如果光源和我们的距离变远，波长就会变长，光谱会向红色移动，我们称之为“红移”（Red-Shift）；反之，则是“蓝移”（Blue-Shift）。而“引力红移”指的是光线在强引力场作用下会出现拉伸现象，波长变长，向红波方向偏移。1959年，美国物理学家罗伯特·庞德（Robert Pound,

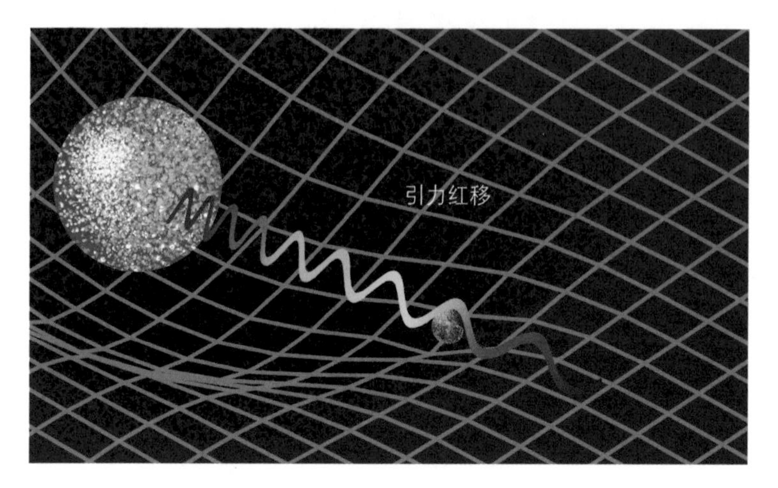

图9-3 当光源远离强引力天体时，波长会变长，光谱从蓝色逐渐转移到红色，产生引力红移现象

1919—2010）确认了引力红移现象的存在。这一证据也巩固了广义相对论的地位。

给黑洞拍照

2019年4月10日，人类首次拍摄到了黑洞，这个惊人的消息引发了全球热议。拍摄照片的事件视界望远镜合作组织（Event Horizon Telescope Collaboration）由全球多个国家和地区的科研人员组成，他们利用分布在

世界各地的超高性能的射电望远镜，组成一台巨大的虚拟望远镜，其口径相当于地球直径。从2017年4月5日起，这些射电望远镜连续数天进行了联合观测，随后科学家又进行了2年的数据分析，这才让我们一睹黑洞的真容。这颗黑洞位于代号为M87的星系当中，距离地球5 500万光年之遥，质量相当于65亿颗太阳。

也许你会问：既然任何光线都无法逃离黑洞的事件视界，我们还怎么给它拍照？

事实上，科学家没有拍摄到黑洞本身，只是观测到了黑洞的吸积盘。前面说过，黑洞强大的引力会将附近的物质拉向自己，那些物质将绕着黑洞打转、最终落入其中。这个过程被称为吸积，物质在绕行时形成的盘状结构则被称为吸积盘。在落入黑洞的过程中，这些物质会释放出能量，即光和热，从而被科学家观测到。

这张黑洞的照片在当时引起了全世界的轰动，并且验证了广义相对论对于黑洞和事件视界的预测。爱因斯坦的广义相对论为我们解释恒星和行星运动提供了相当准确的理论依据，由此可见，爱因斯坦是一位十分伟大的科学家。

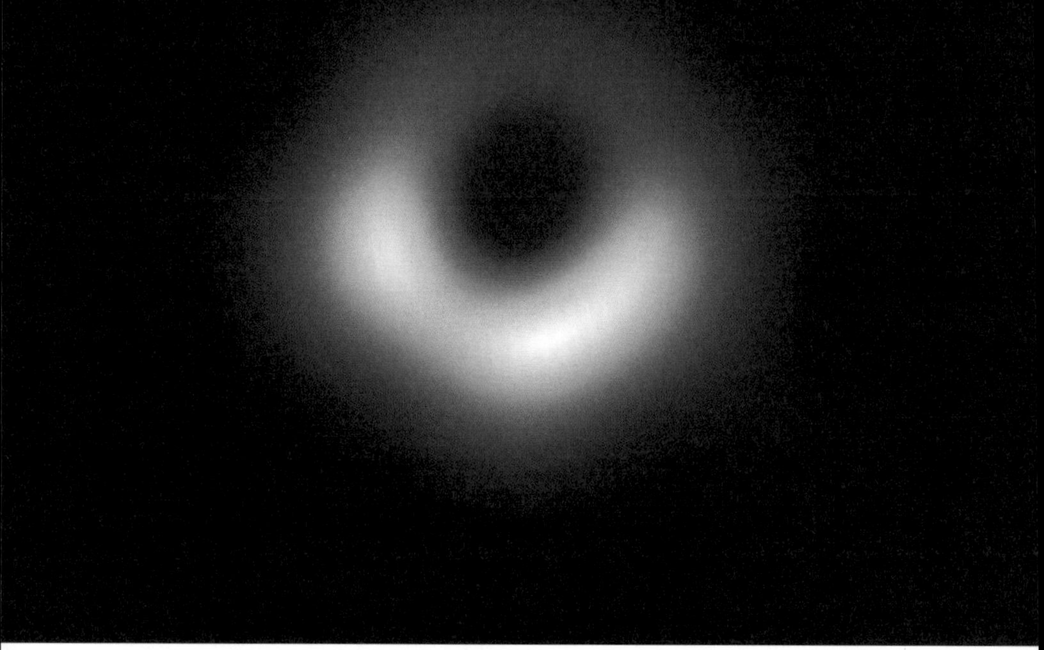

图9-4　事件视界望远镜合作组织发布的位于M87星系中心的超大质量黑洞照片。这个黑洞看起来既像戒指，又像甜甜圈，但不管怎样，现在我们能够用肉眼看到它的真实模样，这代表人类对黑洞的探索又进了一步

然而，广义相对论中的理论一定是完全正确吗？最初我们普遍认可牛顿的万有引力定律，但随着我们认知领域的不断扩大，我们发现了其中的不足之处，因此，爱因斯坦的广义相对论一跃成为主流的科学理论。然

而，随着科学不断发展，未来也会有新的理论取代广义相对论。目前，有的物理学家对广义相对论的部分内容持有怀疑态度，当然，这种怀疑并不是无稽之谈，而是基于最新的研究发现，对广义相对论进行的辩证分析。

众所周知，广义相对论适用于弱引力场，但对于“广义相对论能否解释强引力场天体产生的天文现象”，学界仍存在分歧。其中，引起分歧的问题之一就是黑洞。广义相对论中与黑洞相关的理论并不完善，对于很多问题都没有做出明确的说明，比如，“大质量的恒星如何坍缩成一个致密的星体”“被黑洞吸引的物质最终去向哪里”等。

奇点

奇点是黑洞问题中最具代表性的问题。除月球外，

> 奇（qí）点，黑洞的中心点。从理论上来讲，黑洞的奇点体积无穷小、密度无限大。

我们现在还没有成功登上过其他天体，不过，随着科技的进步，或许我们在未来能够通过曲速旅行到达黑洞。但是，如果我们被吸入黑洞的事件视界里，我们就会受到黑洞周围的潮汐力（Tidal Force），这种力会使我们的头和脚产生巨大的引力差。其实这样的引力差在地球上也存在。我们现在站在地上，脚比头离地心近，所以脚部受到的引力要大于头部受到的引力。但在日常生活中，我们感觉不出这种差别，因为把人的身高代入万有引力公式进行计算就可以发现，这种力十分微弱，可以忽略不计。但在黑洞中，情况就不一样了。由于它的密度巨大，这种力量会十分明显，如果我们掉下去，身体就会像橡皮泥一样被拉长。当我们越靠近奇点，身体就会被拉得越长，直至被撕碎。除非我们像某些漫画里的主人公一样，身体可以无限拉长，否则我们不可能完好无损地到达奇点。在奇点中，所有的物理定律都将失效，这就意味着广义相对论无法发挥作用。奇点的存在使物理学家十分苦恼，因为这些奇点将逐渐占据整个宇宙，这意味着宇宙将成为广义相对论无法解释的空间。由此可见，现代物理学可能无法适用于未来的宇宙空间。

图9-5　如果我们掉进黑洞，会发生什么呢？即使还活着，我们的身体也会因为巨大的引力差而被拉长，直至被撕碎

前文提及，彭罗斯对黑洞问题的研究做出了杰出贡献。1969年，彭罗斯提出宇宙监督假设（Cosmic Censorship Hypothesis），他认为宇宙存在一种审查机制，使奇点隐藏在事件视界内。不过，这个假说还未得到证实，因此，我们可以期待新理论的出现，来解释奇点问题。

宇宙加速膨胀

2000年被称为千禧年，我们的很多读者都是2000年以后出生的吧？在那一年，研究人员宣布观测到了最远超新星，这一观测成果在当时引起了巨大轰动。正如第6章所讲，超新星是恒星变得异常明亮的现象，这种现象能够持续数日至数月。因此，我们能够用肉眼直接看到超新星。在中韩两国的古代文献中都有关于超新星的记载。由于超新星的位置距离地球十分遥远，因此，我们在地球上看到的超新星好像都相同，但实际上，超新星根据产生原因可以大致分为两种：一种是我们前面提到的，超大质量恒星在演化末期形成中子星或黑洞的过程中，发生剧烈爆炸而产生的超新星，这样的恒星可以把氢元素一路聚变到铁、镍、钴等元素。另一种则是发生在小质量恒星演化成的白矮星身上。当一颗白矮星的质量超过了钱德拉塞卡极限，也就是1.4倍的太阳质量时，其核心就会发生失控的核聚变反应，进而引发超新星爆炸。也许你会问，白矮星是如何继续获得质量的呢？这种情形通常发生在一个双星系统中，由于白矮星的质量很大，而且半径很小，所以它的引力很强，因此白矮星就可以吸收伴星的物质，增加自己的质量。另外，当两颗白矮星相撞以后，也会因为质量的增加而发生爆炸，形成超新星。由白矮星爆炸形成的这类Ⅰa型超新星有个特点，它的最大亮度是固定不变的，约为太阳亮度的5亿倍，这个亮度是非常惊人的。因此，当我们观测这种超新星时，我们可以将其最大亮度值作为**标准烛光**（Standard

标准烛光可以用来测量宇宙中的距离。如果我们知道恒星的固有亮度，那么我们就可以将其固有亮度作为标准烛光，通过在地球上观测其亮度，来估计这颗恒星与地球的距离。造父变星和Ⅰa型超新星都具有标准烛光的作用。最近，科学家也在尝试将引力波作为测量距离的工具，并将其命名为标准哨音（Standard Siren）。

Candle），来精确测量爆炸位置与地球之间的距离。

超新星观测项目是一项与广义相对论有关的研究。科学家对宇宙中最遥远的超新星进行了观测，结果令我们十分惊讶。科学家观测发现，超新星正在离我们远去，而且离我们越远的超新星，远离我们的速度就越快。这意味着宇宙正在加速膨胀。这一发现颠覆了我们始终坚信的宇宙论。宇宙加速膨胀意味着宇宙当中可能含有大量暗能量。过去我们认为占据了宇宙大部分的普

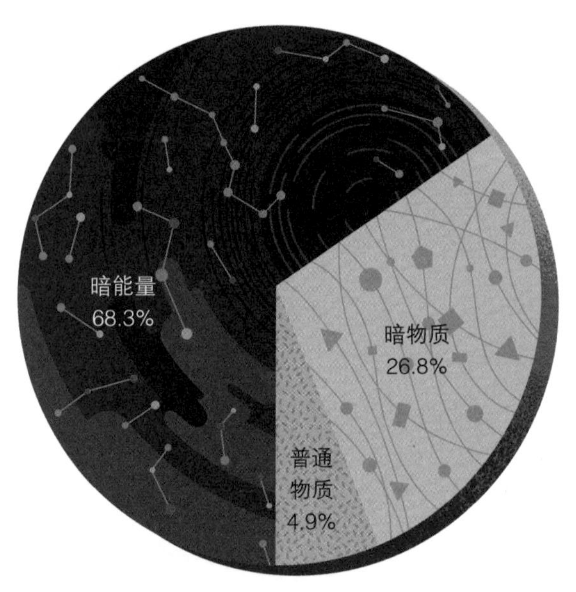

图9-6　构成宇宙的物质比例图。普朗克卫星在2009—2013年的观测表明，宇宙的大部分是由未知物质组成的

通物质，实际上只占了5%左右，而凭借现有技术无法观测到的暗物质和暗能量分别占26.8%和68.3%。我们虽然看不到暗物质，但是它参与引力作用，我们可以根据它的引力推测出它在星系中大量存在。而暗能量的性质就非常奇特了，它的作用相当于某种排斥力，使本该在引力作用之下聚合的宇宙加速膨胀。

物理学家在发现暗能量是导致宇宙加速膨胀的主控因素后，试图在广义相对论中找到破解之法。然而，爱因斯坦的广义相对论似乎无法解决这个问题，因此，许多物理学家提议修正广义相对论。

总而言之，经过大量实验数据与观测结果的验证，广义相对论无疑是最能精确解释宇宙奥秘的理论，但它无法解释宇宙极端情况，具有一定的局限性。因此，物理学家希望找到一个普适性更强的理论，并且这个理论需包含广义相对论。希望本书以及其他书籍能激发大家探索宇宙的兴趣，并且在不久的将来解决上述问题。接下来，让我们带着这个问题一起阅读本书的最后一章吧！

10

超越爱因斯坦

广义相对论与量子力学

广义相对论和量子力学是现代物理学的两大支柱，它们不仅性质不同，发展的过程也不同，如果说量子力学是20世纪最伟大的天才们通过共同努力建立的丰碑，那么，广义相对论就是爱因斯坦通过个人努力建立起的另一座丰碑。不仅如此，这两种理论的研究范畴也截然不同：量子力学以惊人的精确度解释了微观世界的物理学，而广义相对论则完美地解释了行星和宇宙的运动。

当代物理学家在量子力学现有成就的基础上，研究出粒子物理学的标准模型，成功统一了自然界的三种基本力——电磁力、弱力和强力。不仅如此，物理学家还成功预测并证实了新粒子的存在。因此，物理学家期待可以用一种新的理论将自然界的第四种力——引力量子化，这种新的理论就是量子引力理论（Quantum Gravity Theory）。

为什么物理学家要研究量子引力理论呢？因为人类

要想真正揭开宇宙运转的奥秘，单独凭借广义相对论或者量子力学都无法做到，这两个理论目前都存在漏洞或者说短板，唯有将两者融合才有可能实现。

例如，如果一颗恒星演化并最终变成一个黑洞，那么质量是太阳质量几十到几百倍的物质将坍缩成奇点。那么，这么大质量的天体，怎么能被压缩到微观领域呢？在这样的微观领域，量子力学肯定会发挥很大的作用。然而，广义相对论在做出预测时，并没有将量子力学纳入考量范围，这是因为量子力学中与此相关的理论还未得到证实。因此，如果我们能够证实相关理论，也许就可以解释黑洞的奇点问题了。

我们再以“大爆炸宇宙论”为例，“大爆炸宇宙论”认为宇宙最初是一个致密炽热的奇点，为证实这一预测，我们需要结合量子力学的观点，来说明引力在微观领域中发挥的作用。另外，为了解释我们观测到的宇宙加速膨胀等现象以及宇宙暴胀期等各种问题，我们也需要将广义相对论和量子力学结合起来。

不过，我们目前还未得到一个相对完整并能自洽的量子引力理论。20世纪70年代以后，科学家陆续提出了大统一理论（Grand Unified Theory）、超对称理论（Supersymmetry）、超引力理论（Supergravity）等，但都没有较大突破。让我们期待一个能结合这两种理论的新理论出现吧！

发展中的弦理论

20世纪60年代，一个新的理论——“弦理论”开始萌芽。我们都知道物质是由原子构成的，原子内包含质子、中子、电子，质子和中子又是由更基本的粒子——夸克组成。我们将这些粒子称为点粒子。而弦理论认为自然界的基本单元不是点粒子，而是一维的弦，弦的不同振动和运动会产生不同的基本粒子，并且弦的振动会引起粒子的运动。这种理论的提出具有划时代的意义。就像我们弹钢琴一样，与88个琴键相连的琴弦有不同的振动模式，所以，当我们按下不同的琴键，会弹奏出不同的音符。同样，物理学家将琴弦与音符看作是弦与粒子，进而提出了“弦的振动会产生粒子”的观

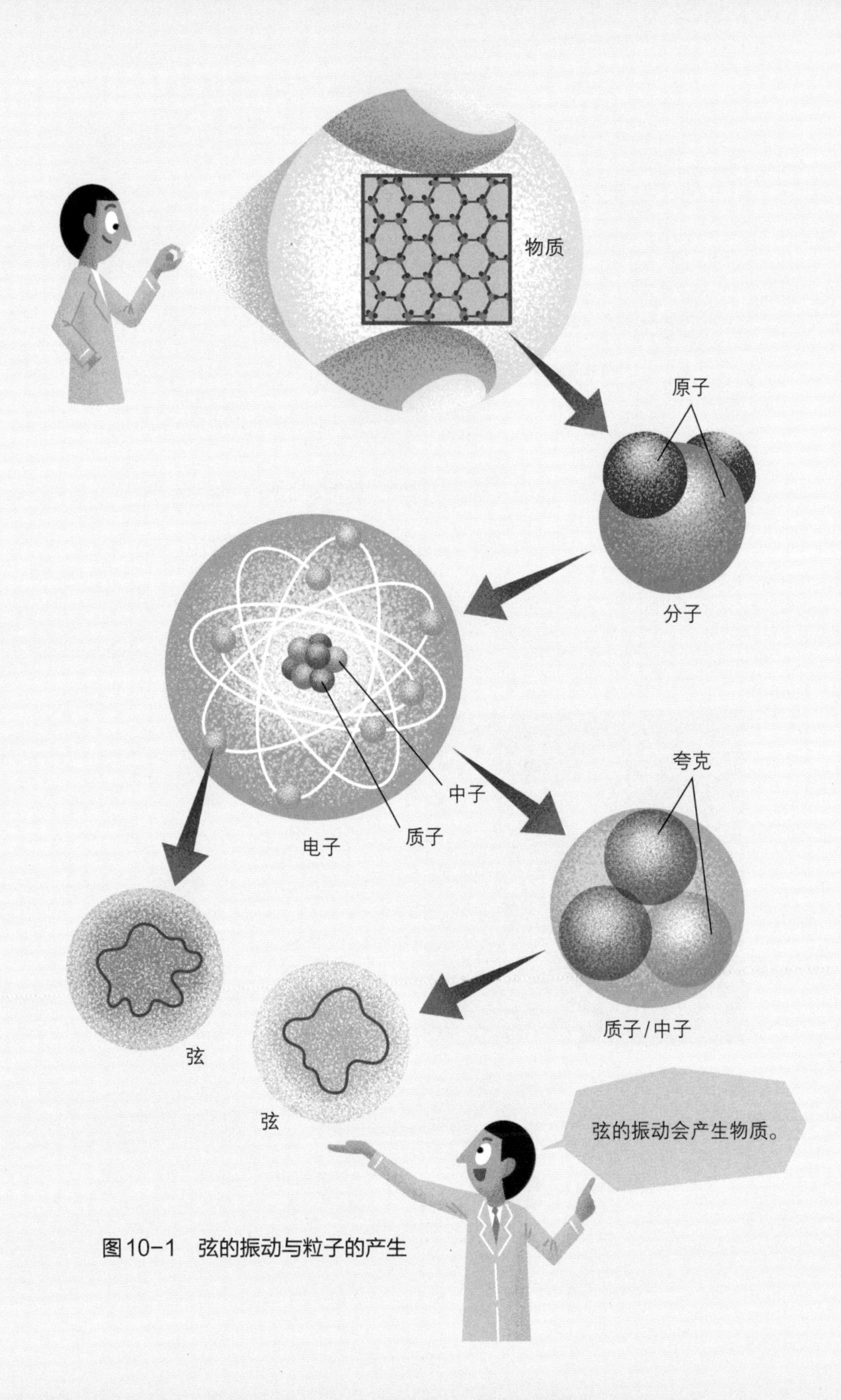

图10-1　弦的振动与粒子的产生

点，这就是物理学的艺术之美，我们可以用音乐来解释宇宙的奥秘。

20世纪六七十年代，弦理论不断发展完善，解决了许多问题，并成为量子引力理论中最强劲的候选理论。由于弦理论有希望让广义相对论和量子力学相互兼容，物理学家看到了探求宇宙真相的可能。20世纪80年代，弦理论迎来了两次革命。在第一次革命中，物理学家发现，十维空间中存在五种自洽的弦理论。在第二次革命中，物理学家提出了“M理论”，该理论指出描述完整的物理世界需要11个维度，这超越了旧弦理论提出的10个维度。自此，M理论统合五种弦理论，一跃成为物理学家心中的终极理论。M理论提出后，物理学家一直期待“量子引力理论”能够成为名副其实的万物理论（Theory of Everything），他们也一直

图10-2 爱德华·威滕（Edward Witten，1951— ）为弦理论的提出做出了重要贡献

沉浸在理想之中，希望人类能够突然解开宇宙的一切奥秘。但到目前为止，弦理论的研究却陷入停滞。当我们评价弦理论时，我们首先要评价其观点的可验证性。但是，即使使用现有最先进的加速器，我们也难以验证弦理论提出的“物质的基本单位是弦”的观点。因此，有的物理学家评价弦理论是“永远无法证实的理论”。不仅如此，弦理论还存在许多争议点。这让我们开始重新审视物理界过去认可的各种理论，包括认为存在无数粒子的量子引力理论，还有认为存在多元宇宙、为人类的出现创造了特殊条件的**人择原理**（Anthropic Principle）。

目前看来，广义相对论与量子力学难以共存。但仍有很多物理学家相信量子引力理论能够将两者兼容，并认为弦理论能够证实这种可能。但是，如果未来和物理

人择原理，又称人类中心原理，该原理认为正是由于人类的存在，宇宙才会表现出种种特性。例如，“地球为什么距离太阳约1.5亿千米”这个问题，根据人择原理的观点，如果地球与太阳间的距离不是1.5亿千米，那么地球上就不可能有人类出现。这样的解释，严格意义上说并不科学，因此人择原理存在争议。

学家们预测的不一样，那么弦理论就会被新的理论所取代，并且逐渐被我们遗忘。

目前，量子引力理论仍处于研究阶段。为了解释宇宙起源等诸多问题，我们仍在探索更加准确的候选理论，但目前，我们还无法证实这些理论。因此，理论物理学一直处于停滞阶段。物理学家指出，为了能够继续探索宇宙的奥秘、解开我们的疑惑，我们需要一种新的研究模式。虽然量子引力理论无法直接向我们指明这种新的研究模式，但是，物理学家仍然坚信，无论是量子引力理论还是其他任何理论，只要是能够解释宇宙奥秘的终极理论，那么它至少能够解答几个关于宇宙起源的问题。例如，为什么世界由一个时间维度和三个空间维度组成？为什么时间具有指向未来的方向性？为什么自然界中只有电磁力和引力能够传播很远？黑洞奇点真的存在吗？等等。但是，目前我们已知的粒子物理学标准模型、广义相对论，以及发展中的弦理论，都难以解答上述问题。因此，我们可以寄希望于未来的量子引力理论。希望在不远的将来，大家能够成为探索宇宙的主力军，一起揭开宇宙的奥秘！

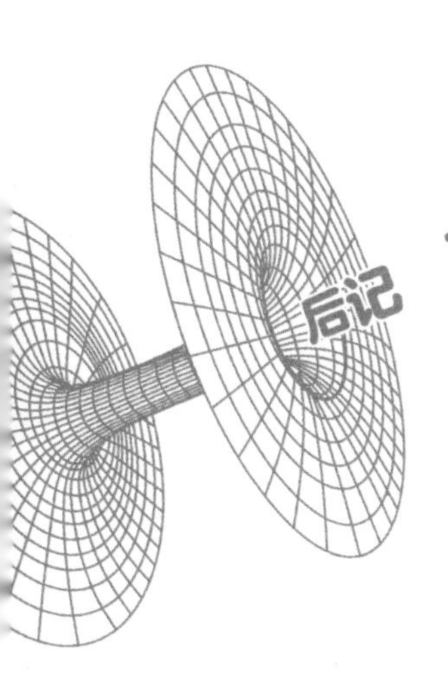

后记 引力的应用之法

在本书中，我们共同阅读了引力的相关知识，包括引力的相关理论、发现过程、作用原理以及影响等。虽然引力与我们的生活息息相关，但我们对引力的认知仍然只是冰山一角，它还有许多未知的奥秘等待我们发现。那么在此，我们把引力与电磁力进行一个简单的对比吧。正如第2章中提到的万有引力一样，电磁力也同样具有“与距离的平方成反比”的特性，科学家将这种特性命名为“平方反比定律”。虽然电磁力和引力相似，但它们也有非常明显的区别。电磁力中存在“负电荷”和“正电荷”，并且具有“同名电荷相斥，异名电荷相吸”的特性，我们利用磁铁做实验就能发现这一点。电磁力的电荷量相当于引力理论中的质量，然而，“负质量”一词却从未出现在我们的生活中。以称体重为例，现实中体重秤的指针不会指向负数，数值也不会显示为负值。由此可见，我们周围的物质都是正物质，这些正物质所具有的正质量就是它们的引力质量。

曾经有三位科学家研究过广义相对论下“负质量”实际应用的可行性，分别是赫尔曼·邦迪（Hermann Bondi, 1919—2005）、威廉·邦纳（William Bonner, 1920—2015）和罗伯特·福沃德（Robert Forward, 1932—2002）。他们认为，在负质量存在的前提下，如果两个物质都是负质量则会相互排斥，但如果只有一个物体是负质量，则会产生一种有趣的现象——两个物体会向相同的方向移动，即正质量物体会渐渐远离负质量物体，而负质量物体会向正质量物体靠近。这是因为正质量具有吸引的性质，而负质量具有排斥的性质。因此，罗伯特·福沃德认为，如果负质量真的存在，那么我们可以利用它来制作推进器。《星际迷航》等电影中出现的曲速引擎（Warp Drive）就应用了这一设想。当然，上述观点只是理论层面的推测，要想验证它们，我们首先要弄清楚负质量和负能量是如何产生的，然而广义相对论提出的正能量定理（又称正质量猜测）认为，负质量的物体不可能存在，两者的观点恰好相悖。因此，我们目前还无法验证上述观点。为了能够早日解答这一问题，我们必须准确理解和把握引力的性质与本质。

我们对引力的认识和应用也会对生活产生影响。全球定位系统（GPS）中的位置修正功能就应用了广义相对论中与引力相关的理论，这是唯一一个将引力应用到日常生活中的例子。此外，科学家最近正在尝试通过测量地心引力来观测地球活动，并推动对气候、气象等活动的研究，重力恢复和气候实验（Gravity Recovery and Climate Experiment，简称GRACE）项目就是一个典型的例子。该项目由美国国家航空航天局（NASA）和德国航空中心合作开展，科学家通过两颗地球观测卫星的观测数据，来观测地球的地热、洋流、磁场和引力的变化，并积累冰川、碳排放、臭氧层、气候变化等基础的研究数据。此外，科学家还尝试利用GRACE卫星来监测地震来临前引力的变化，做出地震预警，以便于我们提前防备。由于地球是有质量的物体，因此，像地震这样的地球活动必然会导致地心引力发生细微的变化，为了监测这些细微的变化，我们不断改进引力监测装置，将其精确度提高到了超高水平。这样，我们才能精准监测引力的变化，研究气象、气候变化，以及地震和火山喷发等活动。

我们以地震为例。2016年庆州地震是韩国有监测记录以来震级最强的地震，震级高达5.8级，共造成23人受伤，5 367

起财产损失。由于韩国发生地震的频率较低，防震准备不充分，因而造成了巨大的损失。由此可见，地震观测十分重要。那么我们如何进行地震观测呢？地震波按传播方式可分为P波和S波，P波又称纵波，会使地面发生上下振动，破坏性较弱；S波又称横波，会使地面发生前后左右的晃动，破坏性更强。由于P波的传播速度为6～8千米/秒，而S波的传播速度为3～4千米/秒，所以，地震监测系统会首先监测到P波，并向我们发出地震预警，便于我们提前应对S波。

举例来讲，如果距我们400千米外的地方发生地震，那么约50秒后P波会到达我们附近，再过50秒左

如图所示，引力的传播速度比P波快，所以，如果我们能够利用引力来观测地震，就能在最大程度上减少地震带来的损失。

右S波也会到达。对我们来说，第二个50秒十分关键，因为一旦S波到达，门就会被挤压变形，从而堵住逃生出口。因此，在这50秒里，我们必须提前将门打开，做好各种逃生准备，在逃生过程中，应保持沉着冷静，切忌惊慌失措。我们曾在第9章中介绍过“引力以光速传播”，如果我们能使用引力波来检测地震，这就意味着当400千米外发生地震时，我们只需要0.001 3秒就能收到引力变化的信号，因此，在S波到达之前，我们有近100秒的时间来做逃生准备，准备时间比过去延长了将近一倍，这非常了不起吧！当然，要想将这个设想变为现实，我们还需要克服许多困难，不过，这样的想法已经为我们改进地震预警系统提供了新的思路。另外，如果想了解更多有关地震的趣味知识，可以阅读本系列的另一本书《原来这就是火山和地震》。

如果我们不能准确认识引力的本质，那么我们就很难将其应用到生活中。由于引力的本质是时空的弯曲，所以，我们可以将应用引力理解为应用时空，即控制时空，就像小说和电影中的折叠空间和时间旅行一样。但是，到目前为止，控制时空仍是难以实现的事情。我们回顾一下物理学的发展史就会发现，物理学家始终在探索未知的奥秘，探究事物的深刻本质，并且不断摸索应用之法。人类的历史也是同样如此，我们不断探索并应用科学，来推动人类文明的进步。

现在，我们想要探究引力的一切奥秘的欲望，与我们探索自然本质和宇宙起源的梦想相辅相成。就像古人在山上祭拜是为了更接近天神一样，我们探究引力也是为了更接近宇宙万物的真理，我们可以将我们对引力的探索欲，理解为是为了感受宇宙的伟大而产生的一种求知欲。至少，在我们的周围，由有质量的物质构成的宏观领域里，量子引力理论是可有可无的。仅凭牛顿的万有引力理论，我们也依然能够解决生活中的各种问题，即使是要借助广义相对论来解决某些特定问题，我们也完全能够轻而易举地完成。我们之所以研究引力，不仅仅是因为我们需要借助它来发现新的奥秘，更是因为好奇心的驱使。

我们在探究引力起源及其本质的同时，可以想象一下：在遥远的未来，我们能够控制引力，并将引力应用到推动人类文明进步的进程中。只要我们贯彻敢于探索、坚持不懈的精神，我们终会收获新的文明成果，就像《星际穿越》中库珀所说的：

“我们会找到办法的，我们总有办法。”

也许在神秘的宇宙中，有一种未知的外星文明已经完美地理解了引力的一切奥秘，在那里，我们或许能够轻易地接触到引力工学或时空工学，而这些学科领域是我们现在还无法触及的。并且，无论是《星际迷航》中利用曲速引擎进行太空旅行，或者是《复仇者联盟》中的时空穿越，又或者是《奇异博士》中的折叠空间，这些对于外星文明来说，或许都不足为奇。想象一下，如果未来的某一天，我们能够将这些变为现实，是不是非常振奋人心呢！接下来，让我们继续努力，共同迎接我们期待的未来吧！